战略性新兴产业科普丛书（第二辑）

# 高端纺织

高卫东　王志杰　主　编

江苏省科学技术协会
江苏省纺织工程学会　组织编写

南京大学出版社

**图书在版编目（CIP）数据**

高端纺织 / 高卫东，王志杰主编 . -- 南京：南京大学出版社，2021.5

（战略性新兴产业科普丛书 . 第二辑）

ISBN 978-7-305-24384-4

Ⅰ . ①高… Ⅱ . ①高… ②王… Ⅲ . ①纺织工业－普及读物 Ⅳ . ① TS1-49

中国版本图书馆 CIP 数据核字（2021）第 074348 号

出版发行　南京大学出版社
社　　址　南京市汉口路 22 号　　　邮　编 210093
出 版 人　金鑫荣

**丛 书 名**　战略性新兴产业科普丛书（第二辑）
**书　　名**　高端纺织
主　　编　高卫东　王志杰
责任编辑　苗庆松　　　　　　编辑热线　025-83592655

照　　排　南京新华丰制版有限公司
印　　刷　南京凯德印刷有限公司
开　　本　718 × 1000　1/16　印张 11.25　字数 180 千
版　　次　2021 年 5 月第 1 版　2021 年 5 月第 1 次印刷
ISBN　978-7-305-24384-4
定　　价　57.80 元

网址：http：//www.njupco.com
官方微博：http：//weibo.com/njupco
微信服务号：njuyuexue
销售咨询热线：（025）83594756

---

# 《战略性新兴产业科普丛书（第二辑）》编审委员会

# 本书编委会


**指导委员会**

**主　　任**　周洪溶

**委　　员（按姓氏音序排列）**

陈国强　陈丽芬　储呈平　戴　俊　邓建军
傅瑞华　葛明桥　顾振华　马晓辉　王鸿博
王士华　张国良　张荣华　张月平

**编写委员会**

**主　　编**　高卫东　王志杰

**副 主 编**　王鸿博　蒋高明　潘志娟　付少海　徐　阳

**编撰人员（按姓氏音序排列）**

蔡以兵　丛洪莲　崔　红　丁远蓉　范雪荣
付少海　付译鋆　关晋平　侯学妮　贾高鹏
蒋高明　晋　阳　李大伟（江南大学）　李大伟（南通大学）
李梦娟　李　敏　李　蔚　刘庆生　刘　蓉
刘婉婉　陆振乾　马丕波　潘如如　王海楼
王静安　王清清　王祥荣　魏发云　闫　涛
殷祥刚　俞科静　张典堂　张海峰　张瑞萍
张　伟（南通大学）　张　伟（盐城工学院）　张　岩
赵荟菁　郑　敏　朱亚楠

当今世界正经历百年未有之大变局，新一轮科技革命和产业变革深入发展，我国发展环境面临深刻复杂变化。刚刚颁布的我国《国民经济和社会发展第十四个五年规划和2035年远景目标纲要》将“坚持创新驱动发展 全面塑造发展新优势”摆在各项规划任务篇目的首位，强调指出：坚持创新在我国现代化建设全局中的核心地位，把科技自立自强作为国家发展的战略支撑，并对“发展壮大战略性新兴产业”进行专章部署。

战略性新兴产业是引领国家未来发展的重要力量，是主要经济体国际竞争的焦点。习近平总书记在参加全国政协经济界委员联组讨论时强调，要加快推进数字经济、智能制造、生命健康、新材料等战略性新兴产业，形成更多新的增长点、增长极。江苏在“十四五”规划纲要中明确提出“大力发展战略性新兴产业”“到2025年，战略性新兴产业产值占规上工业比重超过42%”。

为此，江苏省科协牵头组织相关省级学会（协会）及有关专家学者，围绕战略性新兴产业发展规划和现阶段发展情况，在2019年编撰的《战略性新兴产业科普丛书》基础上，继续编撰了《智能制造》《高端纺织》《区块链》3本产业科普图书，全方位阐述产业最新发展动态，助力提高全民科学素养，以期推动建立起宏大的高素质创新大军，促进科技成果快速转化。

丛书集科学性、知识性、趣味性于一体，力求以原创的内容、新颖的视角、活泼的形式，与广大读者分享战略性新兴产业科技知识，探讨战略性新兴产业创新成果和发展前景，为助力我省公民科学素质提升和服务创新驱动发展发挥科普的基础先导作用。

“知之愈明，则行之愈笃。”科技是国家强盛之基，创新是民族进步之魂，希望这套丛书能加深广大公众对战略性新兴产业及相关科技知识的了解，传播科学思想，倡导科学方法，培育浓厚的科学文化氛围，推动战略性新兴产业持续健康发展。更希望这套丛书能启迪广大科技工作者贯彻落实新发展理念，在“争当表率、争做示范、走在前列”的重大使命中找准舞台、找到平台，以科技赋能产业为己任、以开展科学普及为己任、以服务党委政府科学决策为己任，大力弘扬科学家精神，在科技自立自强的征途上大显身手、建功立业，在科技报国、科技强国的实践中书写精彩人生。

中国科学院院士、江苏省科学技术协会主席 陈骏

2021 年 3 月 16 日

# 前言

高端纺织不仅体现在新型纺织纤维原料的革故鼎新，纺织加工技术进步的绿色化与智能化，而且表现在纺织产品及其用途的不断拓展，从人们所熟知的衣着与家用纺织品到已经广泛应用于医疗卫生、航空航天、土木建筑等众多领域的产业用纺织品。高端纺织是我国纺织工业由“大”转“强”，提升纺织产业国际竞争优势，推动我国纺织产业整体向创新驱动、绿色发展、品牌建设方向发展的重要抓手。

我国纺织产业具备世界上最完整的产业链，全球一半以上的纺织纤维制品由我国生产，在繁荣市场、扩大出口、吸纳就业、增加农民收入、促进城镇化发展等方面发挥着重要作用。纺织业同样是江苏省重要的民生产业、支柱产业和先进制造产业，纺织工业产值已连续多年位居全国前列。高端纺织制造已成为江苏省建设“强富美高”的先行军，发展高端纺织成为新常态下纺织产业发展的必然趋势和当务之急。为此，以科学性、先进性为标的，在吸纳众多文献资料和纺织发展前沿的基础上形成此书，着重介绍高端纺织涉及的新材料、新工艺、新技术、新产品、新用途，同时注重反映高端纺织的发展方向和趋势，旨在提升全社会对高端纺织的认识，了解纺织行业的科技创新水平。

本书按照新型纺织纤维、纺织绿色生产、纺织智能制造和现代纺织产品四章撰写。采用形象生动的比喻和简明通俗的语言，深入浅出地展示高端纺织工艺、生产技术和产品及用途，与读者一起分享我国纺织行业的技术进步成就。希望本书的出版能为公众了解高端纺织知识，激励更多新生力量从事纺织行业，推动这一我国在全球占优势的产业实现可持续发展。

本书由江苏省纺织工程学会主持编撰，在编写过程中，得到了各界人员的支持和帮助，在此对全体编写人员的支持和奉献表示感谢！对本书出版和编辑加工人员的付出亦表示衷心的感谢。

鉴于高端纺织技术涉及面广、发展迅速，水平、时间和条件所限，本书编撰过程中，难免有所疏漏和不足之处，敬请广大读者指正。

《高端纺织》编撰委员会

2021年2月28日

目 录

# 第1章 新型纺织纤维

## 1.1 千分之一的细发丝——纳米纤维

什么是纳米纤维？顾名思义，纳米纤维就是指直径在纳米尺度（1 nm = $1\times10^{-9}$ m）且具有一定长径比的线状材料。那么纳米纤维究竟有多细呢？由纳米纤维与头发丝的对比图（图 1–1）可知，纳米纤维的直径可细至头发丝的千分之一。狭义上讲，纳米纤维的直径介于 1~100 nm 之间，但广义上讲，直径低于 1 000 nm 的纤维均可称为纳米纤维。

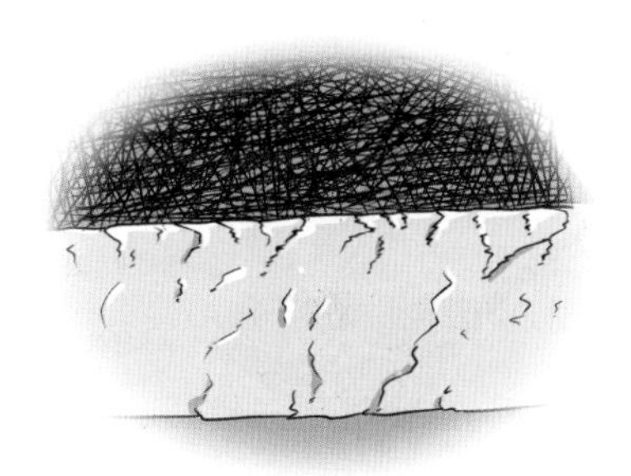

图 1–1　纳米纤维与头发丝的对比图

相较于普通纤维，纳米纤维到底有何特点才让其成为各类热门研究追捧对象的呢？由纳米纤维所构成的片状织物具有孔隙率高、比表面积大、表面能和活性高等特点，同时还具有纳米材料的一些特殊性质，比如由量子尺寸效应和宏观量子隧道效应带来的特殊的电学、磁学、光学性质。

随着纳米纤维材料在各领域应用技术的不断发展，纳米纤维的制备技术也得到了进一步开发与创新。到目前为止，纳米纤维的制备方法主要包括化学法、相分离法、自组装法和纺丝加工法等。而纺丝加工法被认为是规模化制备高聚物纳米纤维最有前景的方法，主要包括静电纺丝法（图 1–2）、双组分复合纺丝法、熔喷法和激光拉伸法等。静电纺丝法是指将带电荷的高分子溶液或熔体在静电场中流动并发生形变，然后经溶剂蒸发或熔体冷却而固化，得到纤维状物质，因其操作简单、适用范围广、生产效率相对较高等优点而被广泛应用。

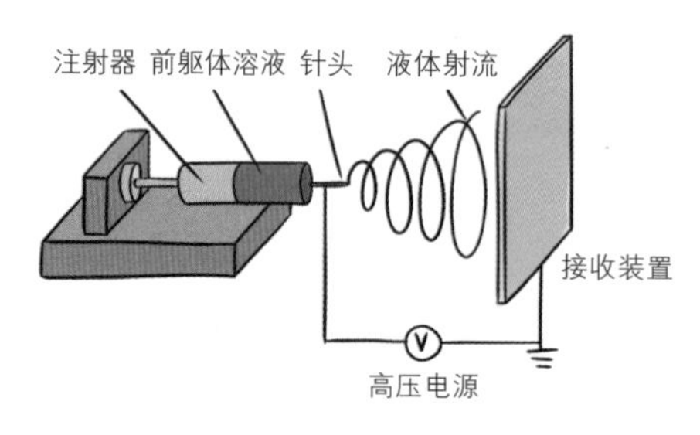


（a）静电纺丝装置示意图

（b）静电纺纳米纤维

图 1-2　静电纺丝

纳米纤维独特的性能使其在膜材料、过滤介质、催化剂、电子产品、生物制品、复合增强材料等领域拥有巨大的市场潜力。

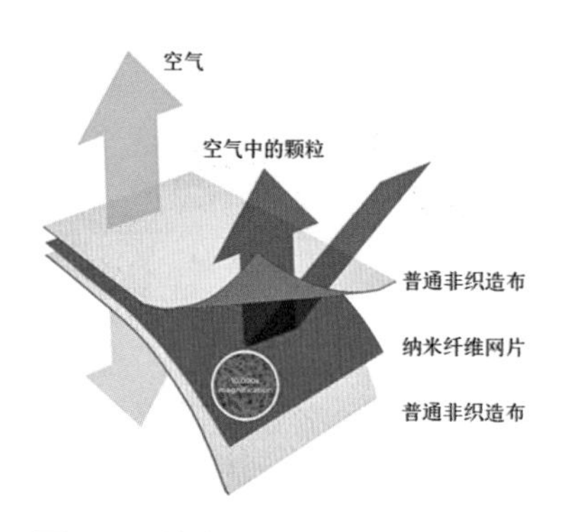


图 1-3　纳米纤维复合材料过滤原理

（1）超级过滤介质

纳米纤维复合制品具有阻隔高渗透悬浮粒子的性能，可大大提高过滤效率（图 1–3）。作为气相、液态的过滤或分离介质，可在制药、实验室、医院、食品、化学及化妆品工业中使用，也可用于制作防化服或生物战地服装。将单丝直径为 250 nm，厚度约 1 μm 的静电纺纳米纤维网片与纺黏非织造布复合，纺黏组分承载了过滤介质的机械性能，而纳米纤网组分使复合产品的过滤性能明显提高；将纳米纤维网片与湿法成型的纤维素纤维非织造布复合，用于引擎系统的清洁过滤，可去除直径为 0.7~70 μm 的粒子。此类复合产品可以选用常规 PET 或 PA 非织造布产品作为复合组分。

（2）医疗卫生产品

纳米纤维可用于人造血管、药物输送材料等。如图 1–4 所示，在做组织工程支架材料时，其作用是提供传导性能和结构支撑，并改进支架的多孔性；在药品封装中使用，可控制活性组分的传输。纳米纤维材料还是烧伤病人理想的包扎绷带。在卫生领域，纳米纤维广泛应用于揩布、纸巾等个人护理产品中。

（3）吸音材料

纳米纤维较小的纤维直径使其材料具有孔径小、比表面积大、质轻、孔隙率高等优势，从而可使声波与材料的有效接触面积增大，较多的声能通过空气黏滞、热传导、纤维振动、摩擦等作用转化为机械能或热能损耗，因此可作为吸音材料，如 Revolution Fibres 公司 Phonix 的吸音材料（图 1-5），应用于汽车、航空、建筑、音乐厅、剧院、电影院以及体育馆等设施中。

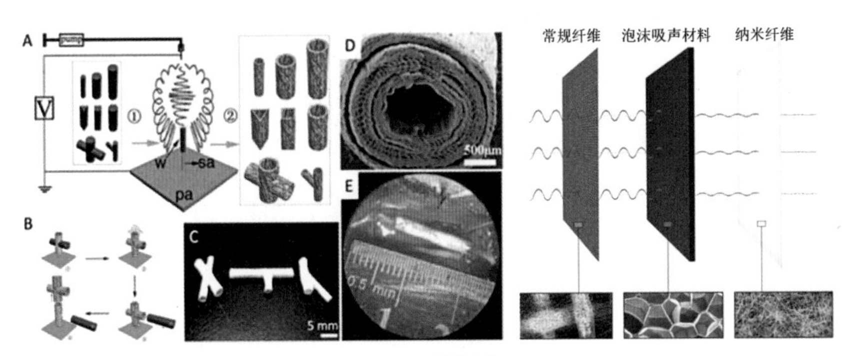


（A）静电纺丝示意图（B）模板取出原理（C、D）管状支架（E）动物体内植入

图 1-4　纳米纤维在组织工程支架中的应用

图 1-5　纳米纤维在吸音材料中的应用

（4）复合增强材料

将纳米纤维应用于增强材料中，可提高产品的抗裂性能。如可利用碳化硅纳米纤维作为增强体制备陶瓷基复合材料，不仅可以避免膨胀系数失配等缺陷，其超高的长径比、出色的弹性模量、极高的弯曲强度，提高了陶瓷基复合材料的抗弯强度和断裂韧性。纳米纤维在复合增强材料中的应用，如图 1-6 所示。

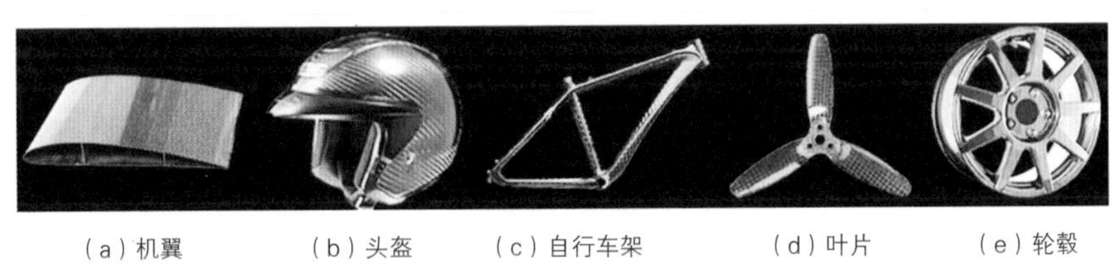

（a）机翼　（b）头盔　（c）自行车架　（d）叶片　（e）轮毂

图 1-6　纳米纤维在复合增强材料中的应用

（5）传感器

纳米技术的发展，为传感器提供了优良的纳米敏感材料，与传统的传感器相比，纳米传感器尺寸小、敏感性高、应用领域广，基于纳米技术制作也极大地丰富了传感器的基础理论。其中纳米纤维由于其吸附力强，生物兼容性好、催化效率高、便于从反应体系中分离等性能，在传感器技术中得到广泛重视并应用。纳米纤维的引入大幅提高了传感器检测灵敏度，缩短响应时间，使仪器向微型化发展成为可能。

## 1.2 像钢一样的生物纤维——蜘蛛丝

图 1-7 强韧的蜘蛛丝

在千万年的自然演化中，蜘蛛丝是蜘蛛赖以生存的捕猎工具。众所周知，蜘蛛丝来源于蜘蛛。蜘蛛在体内形成丝浆，通过尾端细小的孔眼喷出这些丝浆。在空气中，这些丝浆快速凝结，形成具有黏性的细丝，并结成细密的网（图 1-7）。飞虫一旦撞上就休想挣脱，最终沦为蜘蛛的猎物。这样的场景似乎在生活中十分常见，然而，纤细的蜘蛛丝实际上却蕴含着巨大的能量。

从 1909 年起，人们就已经开始把眼光投向蜘蛛丝的开发。天然蜘蛛丝的主要成分是蛋白质，主要由甘氨酸、丙氨酸、丝氨酸这三种具有小侧基的氨基酸构成，与蚕丝丝素的组成相近。这些结构较为规整的蛋白质使得蜘蛛丝拥有很高的强度。与蚕丝丝素相比，蜘蛛丝还具有更多的大侧链氨基酸，如脯氨酸和亮氨酸等。这些结构的氨基酸链段使得分子链发生不规则排列，从而提升蜘蛛丝的弹性。

经过大量研究，人们发现：蜘蛛丝无论是强度还是延展性和韧性，均大大高于现有绝大多数人造或天然纤维。单位重量蜘蛛丝的强度可达芳纶 1414（Kevlar）纤维的 3 倍，钢材的 5 倍，弹性则为尼龙纤维的 2 倍。一根直径只有万分之一毫米的蜘蛛丝，可以拉伸两倍以上才会断。这种强度高、弹性好的组合特征是其他纤维难以超越的。

2009 年 9 月，一种由超过一百万根野生蜘蛛丝制成的稀有纺织面料在纽约的美国自然历史博物馆展出。为了生产这种独特的金色面料，70 人花了 4 年时间从马达加斯加的电线杆上收集金球蜘蛛，而另外 12 名工人则仔细地从每种蛛形纲动物身上提取了大约 24 m 长的丝线，由此获得的长度为 3.35 m、宽度为 1.22 m 的纺织品是目前世界上唯一一块由天然蜘蛛丝制成的宽幅纺织面料（图 1-8），并加工制得了金色的蜘蛛丝成衣（图 1-9）。

由此可见，蜘蛛丝的获取并不是一件容易的事。蜘蛛不像家蚕那样易于驯养，且易发生同性相食，人工养殖实验一直未取得成功，单位面积蛛丝产量亦很低。随着现代生物工程发展，基因工程手段成为人工合成蜘蛛丝蛋白的突破口。加拿大和美国的研究中心成功从蜘蛛身上抽取

图 1-8　天然蜘蛛丝制成的纺织面料

图 1-9　金色的蜘蛛丝成衣

出蜘蛛基因，植入其他动物体内，将细胞表达的丝蛋白经过特殊的纺丝程序，纺制出重量轻、强度高的人造蜘蛛丝纤维。用这种方法生产的人造蜘蛛丝性能虽略逊于天然蜘蛛丝，但强度仍可达到钢材的 4~5 倍，因此，被称为“生物钢”。经基因改造的家蚕所产的“蜘蛛丝”丝茧，如图 1-10 所示。由于人造蜘蛛丝的强度高于现有的商用高强度纤维，且具有蚕丝般的光泽和柔软的手感，一旦实现规模化生产，将成为制造手术用缝合线、人工韧带、高档贴身防弹衣、户外耐磨防护服、高强度复合材料的理想选择。

图 1-10　经基因改造的家蚕所产的“蜘蛛丝”丝茧

目前，像人造蜘蛛丝的应用主要有如下四个方面：

（1）军事材料

由于蜘蛛丝的强度大大高于芳纶，美国于 21 世纪初已成功地采用蜘蛛丝用来制造防弹背心。通过蛛种的筛选，可获得更为坚韧、轻便的蜘蛛丝，甚至能对环境温度产生自适应，并对伤口起到一定的医疗作用。我国也成功将蜘蛛丝蛋白基因转移到家蚕上，采用蛛丝—家蚕纤维作为新型防弹衣的材料。用蜘蛛丝制成的军用降落伞则具有量轻、展开力强、抗风性能好，坚固耐用的特点。

（2）服用材料

我国研发的蛛丝—家蚕纤维在紫外光照下会激发绿色荧光，将蛛丝—家蚕纤维与普通天然或化学纤维混纺制成织物后，荧光特性便可应用于安全防护、防伪、时尚设计等服用领域。

（3）高强复合材料

在建筑上，蜘蛛丝可代替混凝土中的钢筋，与其他基质材料复合后，应用于桥梁、高层建筑和一般民用建筑，保持建筑强度的同时，大大减

图 1-11　蜘蛛丝复合材料制成的小提琴琴身

轻建筑物自身的重量。通过改变基质材料的种类，采用蜘蛛丝加工的复合材料还可制造汽车板材、体育器械等产品。英国帝国理工学院成功研发了蜘蛛丝复合材料，并将其制成小提琴琴身（图 1–11）。

（4）医用材料

蜘蛛丝的主要成分为蛋白质，因此，具有极好的生物相容性和生物可降解性，可用作高性能的生物材料，制成伤口封闭材料和生理组织工程材料，如人工关节、人造骨骼、人造肌腱、韧带、假肢、组织修复、神经外科及眼科等手术中的可降解超细伤口缝线等。欧盟 5 国发起的“蜘蛛人”的研究计划曾用蜘蛛丝制造人造组织，获得了 650 万欧元的政府资助。

不可否认的是，“生物钢”人造蜘蛛丝仍存在一定的问题。天然蜘蛛丝的纺丝过程为液晶纺丝，不但具有液体的流动性，同时具有分子排列的有序性，只需很小的作用力即可促使分子成纤，因此，天然蜘蛛丝的直径比第一代人造蜘蛛丝仍要小 1~2 个数量级。同时，天然蜘蛛丝所具有的皮芯层结构仍很难模仿。实现天然蜘蛛丝的 1∶1 复刻还需要付出较大的努力。

蜘蛛丝作为一种独特的生物材料，有着高强度、高弹性、可降解的卓越性能。随着现代科技飞速发展和生物技术的日趋成熟，蜘蛛丝的工业化生产极具潜力，届时将有望广泛应用于纺织、军事、建筑、医疗等各个领域，成为新一代高级生物材料。

## 1.3　八面玲珑的纤维材料——石墨烯纤维

2004 年，英国曼切斯特大学的安德烈·盖姆和康斯坦丁·诺沃肖洛夫采用机械剥离的方法，在实验室中首次获得能稳定存在的单层石墨烯。单层石墨烯材料的成功制备轰动了世界，并因此获得了 2010 年的诺贝尔物理学奖。为什么小小的石墨烯材料能够引起学者们乃至工业界广泛关注呢?

这主要是由于石墨烯材料具有独特的理化性质。石墨烯是碳单原子层形成的二维纳米碳材料（图 1–12），厚度仅为 0.34 nm，约为单根头发丝厚度的 23 万分之一。其碳原子之间链接成六角环蜂窝式层状结构，层平面之间亦可形成较强的作用力。这种独特的结构决定了石墨烯材料具有优良的导电和光学性能以及极大的比表面积。由于石墨烯集多种优势于一身，因此，在众多材料中堪称“八面玲珑”。

石墨烯材料具有如下主要性能。

强度：石墨烯是已知强度最高的材料之一，还具有很好的韧性，且可以弯曲。石墨烯的理论杨氏模量达 1.0 TPa，固有的拉伸强度为 130 GPa，为芳纶 1414（Kevlar）纤维的 36 倍，是强度较高的涤纶工业丝的 140 倍，可抗击高强度冲击。如图 1–13 所示，模拟了子弹穿透石墨烯材料的过程。

图 1–12　石墨烯的结构

图 1–13　子弹穿透石墨烯材料的过程模拟

热性能：纯净无缺陷的单层石墨烯的导热系数高达 5 300 W/（m·K），是迄今为止导热系数最高的碳材料，分别为单壁碳纳米管和多壁碳纳米管的 1.5 倍和 1.8 倍。当它作为载体时，导热系数也可达 600 W/（m·K）。因此，石墨烯是一种热传导性能极佳的功能性材料。

光学性能：石墨烯在可见光范围内的光波吸收极低，因此，看上去几乎是透明的。对于多层石墨烯分子，厚度每增加一层，吸收率仅增加 2.3%。因此，具有较大面积的石墨烯薄膜同样可以保持其优异的光学特性，且其光学特性可通过改变石墨烯分子层的厚度进行可控式调节。

石墨烯纤维是石墨烯纳米片层在一维受限空间的组装体，使得石墨烯在纳米尺度的优异性能拓展到宏观尺度。相比于块体和薄膜结构，加工难度更大，但其具有更好的柔性、更大的比表面积和更好的加工灵活性。2011 年，浙江大学首次通过湿法纺丝技术获得了世界上第一根石墨烯纤维，迄今为止已开发出多种石墨烯纤维的制备方法。

湿法纺丝法：是制备纺织化学纤维的常用方法之一，通常将成纤物质溶解在适当的溶剂中，得到一定组成、一定黏度、有良好可纺性的纺丝原液。由于石墨烯本身不易分散于水以及其他有机溶剂，因此，采用在极性溶剂（如水）中具有良好分散性的石墨烯前驱体——氧化石墨烯

（GO）来制备纺丝原液。将氧化石墨烯原液经喷丝板挤出、凝固浴凝固以及化学还原最终得到真正意义上的石墨烯纤维。

薄膜收缩法：以甲烷为碳源，在铜箔上生长石墨烯。为了得到完整独立的石墨烯薄膜，在石墨烯表面旋涂一层聚甲基丙烯酸甲酯。以过硫酸铵溶液对铜箔进行刻蚀，用丙酮洗去聚甲基丙烯酸甲酯层得到叠层的石墨烯薄膜，最后用镊子从溶液中将薄膜提拉出来，收缩形成直径均一的石墨烯纤维。不过，该方法获得的石墨烯纤维一般都具有较多的孔隙，且不适用于连续化生产制备。

其他还有受限水热、模板、电泳自组装等一些制备方法，但均很难实现连续化生产。

由于石墨烯的规模化制备成本仍较高，目前，主要采用将石墨烯纤维添加至其他基质材料中来提升整体材料的性能，并已在能量转换和存储、传感、电子等领域取得了一系列进展。

（1）功能性织物后整理

将石墨烯材料通过纺丝成型或纺织后加工整理到传统纺织纤维的表面或内部，可使纺织纤维获得功能化特性，从而制备多种具有不同性能的纺织品，如导电织物、阻燃织物、抗菌织物、抗紫外线织物、疏水织物等。我国浙江大学高超教授团队率先用连续湿法纺丝制得石墨烯长丝。基于该项技术，市面上涌现了一批新型石墨烯纺织品，如发热内衣（图1–14）等。

（2）超级电容器

超级电容器是利用电极材料对电解质离子的快速吸附—脱附或电极材料表面可逆的氧化还原反应，实现电能存储的新型能源存储装置。石墨烯超级电容器（图1–15）由于其质量轻、体积小、柔性高、可穿戴性好的优点，是发展柔性可穿戴设备的优选能量来源。目前，我国研究开发的石墨烯超级电容器具有很好的韧性，可以编织到织物中，且充电后

图1–14　石墨烯发热内衣

图1–15　石墨烯超级电容器

能够点亮 LED 灯。

（3）锂离子电池电极

石墨烯纤维作为锂电池的负极材料，相较于传统石墨具有更高的容量和循环稳定性，更重要的是可以实现与柔性电子器件的串联和稳定工作。不过，目前将石墨烯基纤维用于锂离子电池并组装成柔性可穿戴电池的研究还较少，因其组装过程相对复杂，实现其连续化生产的方法还有待进一步探究。

（4）传感器

柔性可穿戴设备对环境中电、湿度、力、温度等结构变化做出高效响应是未来发展趋势，石墨烯纤维在响应性智能器件的应用中表现出卓越的潜能。目前，石墨烯纤维材料已可实现在不同电信号驱动下发生弯曲形态和导电性能的可控响应，是具有广阔市场前景的新一代智能传感器。

尽管当前石墨烯纤维仍面临着生产成本高、制备工艺复杂、连续规模化生产困难的问题，但还是在短短十年内取得了长足发展。纯石墨烯纤维和石墨烯复合纤维的开发是未来的发展方向，在航空航天、国防军工、能源传感、智慧生活等领域具有广阔的应用前景。

## 1.4 黑夜中的光明使者——夜光纤维

人类很早以前就了解到大自然中存在着夜光物质，比如我国古代就发现了夜明珠，还留有“葡萄美酒夜光杯，欲饮琵琶马上催”的著名诗句。人们最初视夜光物质为奇珍异宝，随着科技发展对发光材料研究的深入，逐渐认识到夜光物质主要是由于材料中含有无机盐类晶体中的激活晶态磷光体。由于激活晶态磷光体中激活剂的不同可将其分为自发光型和蓄光型两类。自发光型夜光材料的基本成分为放射性材料，不需要从外部吸收能量，无论黑夜或白天都可持续发光。但是因为含有放射性物质，所以在使用时受到较大的限制，废弃后的处理也是一大问题。蓄光型夜光材料不含有放射性物质，没有使用方面的限制，但它们要依靠吸收外部的光能才能发光，而且要储备足够的光能才能保证一直发光。

新型蓄光型长余辉发光材料由于采用新型稀土发光材料，如稀土铝酸盐（图 1–16）、稀土硅酸盐和稀土硫氧化物等为主要原料，具有发光亮度高、发光时间长、化学性能稳定及安全环保等优点，在许多行业受到广泛应用。

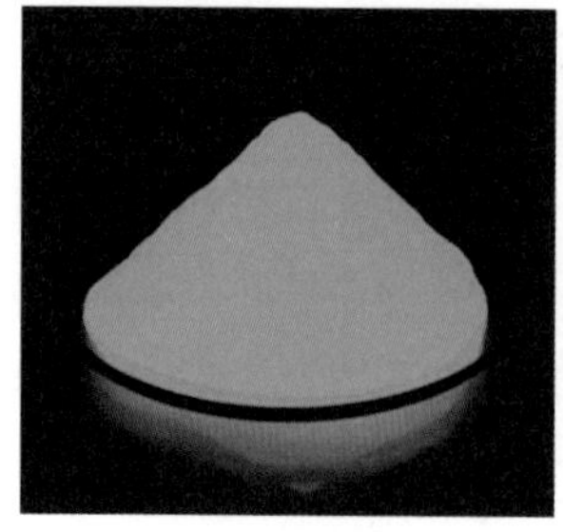

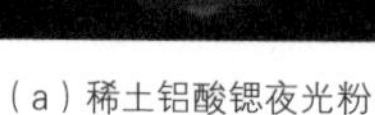

（a）稀土铝酸锶夜光粉

（b）稀土铝酸锶夜光纤维

图 1-16　稀土铝酸锶材料

稀土发光材料之所以在黑暗处可以发出明亮的光芒，是由于所使用的稀土元素外层具有丰富的电子能级。当激发光源照射到材料表面时，电子吸收光能后所具有的能量增加，使其从低能级跳跃至高能级；当撤去激发光源后，电子具有的能量不稳定，电子会从高能级跃迁回低能级，并以光的形式将所储存的能量释放出来，发出可见光。简单来说即发光材料受光照时，光能会储存在材料内部；在黑暗处，又会将储存的能量释放出来，发出明亮的可见光。利用发光材料优良的储能—发光原理，将其应用于纺织品中，可制备出在黑暗处发光、可见的功能性纤维。夜光纤维的研制最早在 1998 年，德国一公司通过在纺丝液中添加硫化锌等发光材料，制备出一种可发出绿光的纤维，但是由于日常环境中的光线难以满足该纤维的发光要求，因而其广泛应用受到制约。从 2000 年至今，相继有研究者开发出皮芯结构发光纤维，美国有两家公司开发了夜光纤维，但添加放射性同位素钜 147 制成，其使用受到限制。

在我国，由无锡宏源和江南大学纺织科学与工程学院葛明桥教授研究团队联合研制的夜光纤维产品填补了国内空白，属国内首创。该夜光纤维由特种纺丝工艺生产，即在聚酯材料纺丝液中，添加稀土长余辉发光材料和纳米级助剂，经过特种纺丝工艺制成夜光聚酯长丝。该纤维只要吸收可见光 10 min，便将光能储存于纤维之中，在黑暗状态下持续发光 10 h 以上，产品无毒害，使用安全。同时由于发光材料均匀存在于整根发光纤维中，其夜光性能不会受到水洗的影响，可循环使用。目前，国内生产出的稀土彩色夜光纤维，即在可见光的条件下，这种夜光纤维可以呈现出红色、黄色、蓝色等；在没有可见光的条件下，自身可以发出红光、黄光、绿光等各种色彩的光，具有特殊的夜光视觉效果，如图 1-17 所示。稀土夜光纤维本身绚丽多彩，利用其加工成的纺织产品可以无须染色，避免了染整工序废水对环境的污染，可以称之为新型的环保纤维。

同时，稀土夜光纤维具有余辉时间长、亮度高、无放射性、对环境和人体绝对安全等优点。因此，采用特种纺丝工艺制造的夜光纤维是比较理想的夜光纺织品原料。

凭借其优异的发光性能，采用特种纺丝工艺制造的夜光纤维可以应用的领域如下。

（1）安全领域

由于夜光纤维的长余辉发光特性，被广泛应用在安全服装（图 1–18）中。夜光服装在白天与普通服装具有完全一样的使用性能，这种服装目前有少量应用于夜间作业、娱乐场所等光线比较黑暗的地方。近年来时常发生中小学生在来往学校的途中，由于光线较弱而出现交通事故的现象，如果采用夜光纤维在服装上制成标记，可大大提高其交通安全性。在夜间军事训练的降落伞上使用夜光织物，就可以使训练人员更安全。在漆黑的地下矿井中，发光服装便于矿工们相互联络，即使遭遇事故，也便于救援人员及时发现受困的矿工。

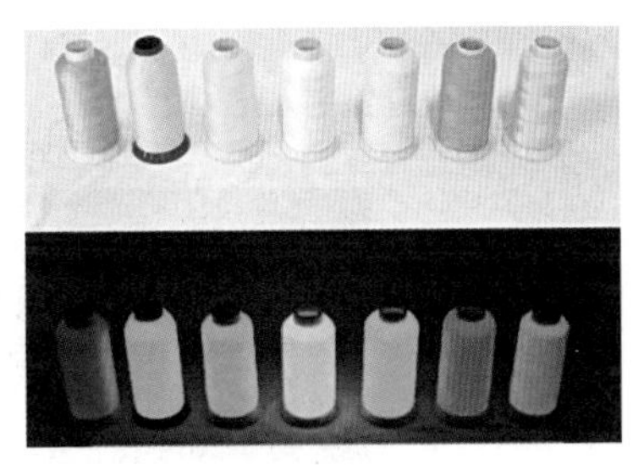

图 1–17　夜光纤维

图 1–18　夜光安全性服装

（2）家居用品

在家居用品的领域采用夜光纤维制作发光窗帘、发光拖鞋（图 1–19）、发光地毯等，即使在暗处也十分明显，便于寻找以及夜间活动。将夜光纤维用于窗帘的蕾丝花边上，看起来美观好看的同时，也方便人们在夜间行走。应用夜光纤维制作家具用品，不仅极大地方便了消费者，而且具有很好的艺术观赏价值，如图 1–20 所示。

图 1–19　夜光拖鞋

图 1–20　夜光刺绣

（3）娱乐服装

夜光纤维制成的纺织品在白天与普通纤维具有完全一样的使用性能，不会使人感到有任何特异之处，具有同样服用性能。更重要的是，它的发光成分已经分散于纤维分子之中，发光特性不会受水洗的任何影响。因此，更多的年轻人会选择夜光纱线制作的服饰，如图 1–21 所示。采用夜光花式纱线加工成的服饰产品可以吸引年轻消费者的注意力，满足他们对时尚和潮流的追求，符合年轻人的消费观念。

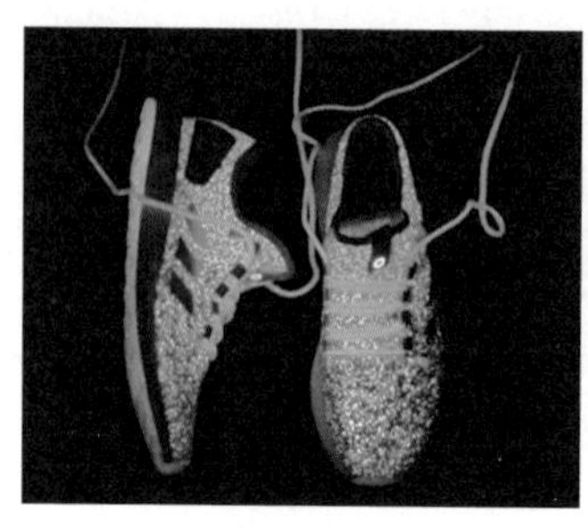

（a）夜光跑鞋

（b）夜光服饰和鞋饰

图 1–21　夜光娱乐服装

（4）消防领域

在制造消防设施、器材时，添加一定面积的夜光纤维，在火灾浓烟滚滚或较黑暗情况下，人们可以马上看到消防人员或器材，迅速做出反应，达到自救和被救的目的。在夜间，夜光纤维制成的标记物可以给驾驶员发出明显的提示信号，避免交通事故。在影院，用夜光纤维做成的引导标记不仅可以给观众寻找座位、夜光安全出口指示（图 1–22）还可以引导观众在发生危险时有秩序地脱离险地，以免发生踩踏致伤现象。

图 1–22　夜光安全出口指示牌

## 1.5　善变的伪装者——变色纤维

变色纤维是指在受到光、热、水分或辐射等外界条件刺激后，可以自动改变颜色的功能纤维。通常的变色纤维内都含有可以响应外界刺激的功能材料，其受到外界刺激后能够改变化学结构，从而显现出不同的颜色。变色纤维按其变色原理可分为光致变色、温致变色及湿敏变色三大类。

光致变色指某些物质在光线照射下产生变色现象，而在另外一种波长的光线照射下，又会发生可逆变化回到原来的颜色。如在亚马孙雨林里有一种荧光翼凤蝶，其翅膀在阳光下会变幻色彩，时而金黄，时而翠绿，有时还会由紫变蓝。科学家们研究发现，在其翅膀上有许许多多显色和不显色的鳞片，显色鳞片比不显色鳞片窄 2 μm 左右，两者以 0.7 μm 的间距，有规则地排列在翅膀上。当阳光照射到翅膀上时，这些鳞片对入射光会引起不同程度的反射、折射和交叠干涉，从而带来变幻无穷的色彩感觉。根据这种现象，仿生学家依据蝴蝶翅膀色彩的变化，设计了一种变色纤维，如图 1–23 所示。

（a）蝴蝶翅膀的结构

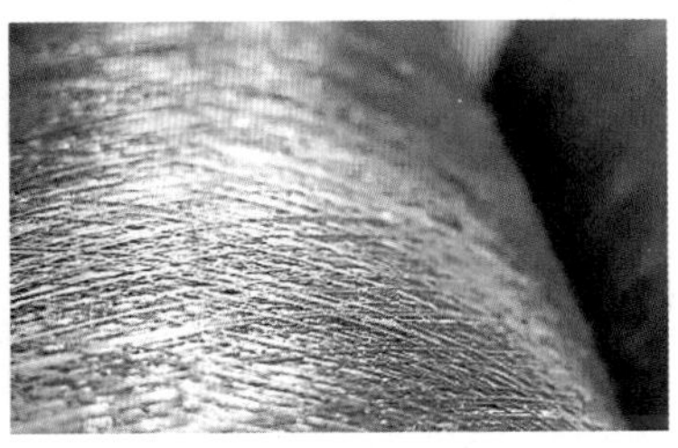

（b）仿生变色纤维

图 1–23　蝴蝶翅膀的变色原理及仿生变色纤维

光致变色纤维的制备还可以通过光色性染料对纺织材料进行染色获得。早在 1989 年，国外科学家就发现了某些固体或液体化合物具有光致变色的性质，具有光敏变色特性的物质通常是一些有异构体的有机物，如萘吡喃、螺恶嗪和降冰片烯衍生物等。这些化学物质因光的作用发生与两种化合物相对应的键合方式或电子状态的变化，可逆地出现吸收光谱不同的两种状态，即可逆的显色、褪色和变色。以这些物质作为添加剂的光色染料在一般情况下处于稳定状态，受到某种色光照射后就变成不稳定状态，颜色发生变化，光线变换后又回复到原来的稳定状态。所以，以这种染料加工而成的纤维像变色龙那样会“随光变色”。目前，光致变色材料已发展到有 4 个基本色：紫色、黄色、蓝色和红色。这 4 种光变材料初始颜色为白色，即印在织物上没有色泽，当在紫外线照射下才变成紫色、黄色、蓝色和红色。

光致变色纤维最先的应用实例是在越南战争时期，美国一氰胺公司为满足美军对作战服装的要求而开发的一种可以吸收光线后颜色改变的织物，战士穿了这种迷彩服，如图 1–24 所示，可以随地貌不同，交替变换成相应的颜色。在树林里，军装呈深绿色；来到草坡上，变成麻黄色；伏在野草未发的大地上，浑黄如土。在民用领域，光致变色纤维主要运用于娱乐服装、安全服、装饰品以及防伪标识上（图 1–25），如日本佳宝丽（Kanebo）公司的光敏变色织物，由这种织物制成的 T 恤衫早在 1989 年就供应市场了。美国的克莱姆森大学（Clemson University）和佐治亚理工学院（Georgia Institute of Technology）等几所大学最近已经开始研究改变光敏纤维的表面涂层材料，而使纤维的颜色能够实现自动控制。我国的东华大学采用淡黄绿色的三甲基螺呃嗪为光敏剂，与聚丙烯切片共混后制成切片经高温熔融纺丝形成的光敏纤维也具有良好的性能，这种纤维经过紫外线的照射后能迅速地由无色变为蓝色，光照停止后又可以迅速变为无色，并且具有良好的耐洗性能和一定的光照耐久性。进入 21 世纪后，变色服装的研制取得更大的进展，如日本研究了一种光色性染料，能使合成纤维织物“染”上周围景物的颜色，把人的服装“融”在自然景色中。当前，科学家们正在研制另一种能延长不稳定状态的新型变色纤维。这种变色纤维受到一定色光照射后，新产生的颜色可以保持 24 h。这样，就等于每天穿一件新衣服了。

图 1–24　军用伪装服饰

（a）光致变色纱线

（b）光致变色服饰

图 1–25　光致变色产品

其次，湿敏变色纤维则是指通过在织物表面黏附特殊结构的颜料，利用这种颜料可以随湿度变化而颜色变化的性能，而使纤维产生相应的色彩变化，而且这种变化也是可逆的。湿敏变色材料变色的主要原因是空气中的湿度导致染料本身结构变化，从而对日光中可见光部分的吸收光谱发生改变。湿敏变色染料变色印花浆主要成分是变色钴复盐，应用时通过黏合剂将变色体牢固地黏附于织物上。为了使变色灵敏，需要加入一定的敏化剂以帮助变色体完成这一过程，同时还加入了一定的增色体，以提高变色织物色泽的鲜艳度。如果将印花色浆中变色涂料巧妙结合，用于毛巾、浴巾、手帕、泳装（图 1–26（a））、沙滩服等，可获得别致的印花图案。干燥时为白色，润湿后则显透明感而花形消失。

除上述两种变色纤维外，英国科学家还开发了一种温致变色纤维，科学家将液晶材料微胶囊加工成可印染的油墨，涂敷在一种黑色纤维表面，随身体部位不同以及体温变化而瞬息万变显示出迷人的色彩。如果用它制作模特儿穿着的表演服装，那么就可以尽情施展自己会变色的“才艺”；如果用它制成运动衣裤，如图 1–26（b）所示，就可以在运动员进行训练时观察他们热量的散发和体能的消耗状况；给病人穿上用这种衣料制成的病员服，就可以观察到病人体温的变化，甚至发现肿瘤的部位，因为肿瘤会散发出比正常机体更高的热量；用它制成婴儿尿布，那么在婴儿尿床之际，立刻会因颜色的变化而引起保育人员的注意。

（a）湿敏变色服饰

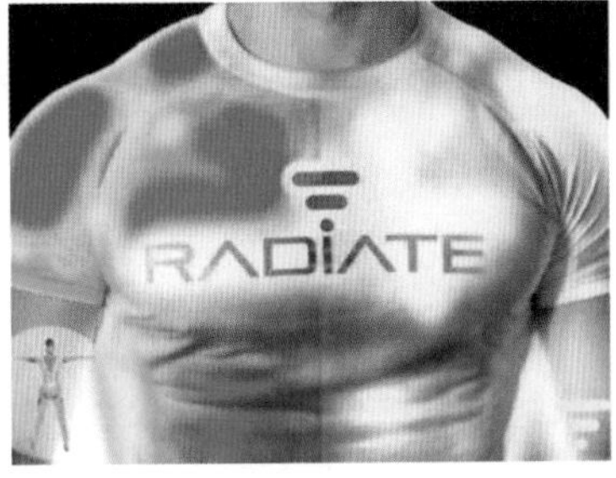


（b）热致变色纤维制成的服饰

图 1–26　变色纤维制成的服饰

## 1.6　会调温的纤维——相变纤维

服装是我们日常生活中的必需品。然而现阶段我们身上穿的衣服只是一种隔热材料，天气热的时候少穿点，天气冷的时候多穿点，如果一天之内天气变化过大，一会儿冷一会儿热，那就需要反复把衣服穿上、脱下，很麻烦，有温度自动调节功能的服装就可以解决这一问题。如果不在服装内部安放一些电加热元件，是否能够使服装达到自动控温的目的？答案是可以的，秘密就在于纤维中的“相变材料”。基于相变材料的蓄热调温功能的纤维叫作相变纤维，也就是调温纤维，如图 1–27 所示。

图 1–27　调温相变纤维实物图

相变材料本身能够吸收和释放热量，在吸热和放热的过程中，材料会改变自身状态，材料原始状态是固态，当外界的温度高于其熔融相变温度时，材料就开始吸收外界的热量，从固态变成液态。同时，热量被材料吸收并“储存”起来。这时，服装内的温度随着环境温度的升高而保持不变。同样的，当外界环境的温度低于相变材料的结晶相变温度时，材料则开始释放储存的热量，材料本身又会从液态转变成固态，释放出的热量则会通过衣服本身传导给人的身体，使人与服装形成的内环境的温度不会随着外界温度的降低而降低。以上便是调温相变纤维的作用机理。不是所有的相变材料都适合做调温纤维的原料，纤维用相变材料的选择原则主要有以下几点：相变温度在人体舒适温度 29~35℃之间，能够吸收和存储较多的热量，导热迅速且热膨胀系数较小，即在服用过程中不会发生明显的体积变化。此外，考虑到服用的耐久性以及实用价值，相变材料也必须满足在相变过程中不产生任何降解和变化，且在洗熨过程中不损失不变化、使用寿命一般大于 1 000 次热循环。

相变智能调温纤维的研究于 20 世纪 80 年代起源于美国。最早由美国国家航空与航天局研究项目所开发的 Outlast 腈纶基智能调温纤维，是采用包裹有相变材料石蜡的微胶囊加入腈纶纺丝液中所得，当时是美国太空总署为登月计划而研发的，用于宇航员服装和太空实验精密仪器等保护外套，于 1988 年开发成功，1994 年首次用于商业用途。此后，德国 Kelheim 纤维公司与美国 Outlast 技术公司合作开发出 Outlast 黏胶型纤维，是将相变微胶囊加入黏胶纤维的纺丝液中得到的，其隔热效果达到 42.5%，并获得专利。微胶囊是一种外部被壳包围着的内部含有活性成分或者核心物质的小颗粒，其直径可以在 1~1 000 μm 之间变化。调温相变纤维用的相变材料通常是一种油性物质，其在水中是不能分散的，为了让油性物质在水中分散，需要加入乳化剂将相变材料和聚合物材料同时放入水中，通过改变其温度、pH 值等形成聚合条件，聚合物就会在相变材料的外部包覆上一个均匀的壳，这样便制备出了相变微胶囊（图 1-28）。将相变微胶囊与聚合物进行共混纺丝就制备成相变纤维，使用这种方法制成的纤维在使用过程中不会产生相变材料外逸等问题（图 1-29），具有良好的悬垂性、柔软性及性能稳定性。

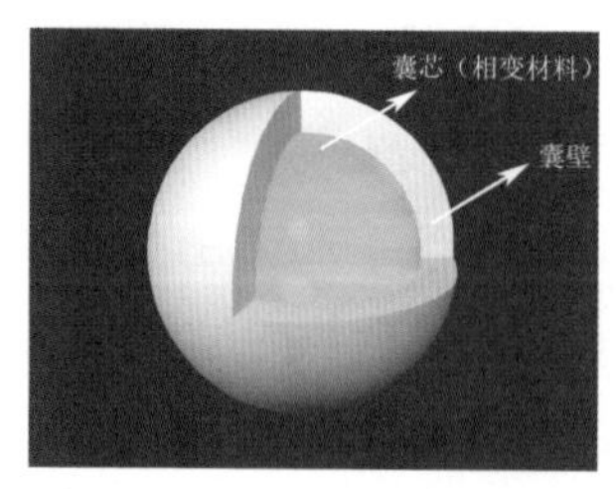


图 1-28　相变微胶囊构成示意图

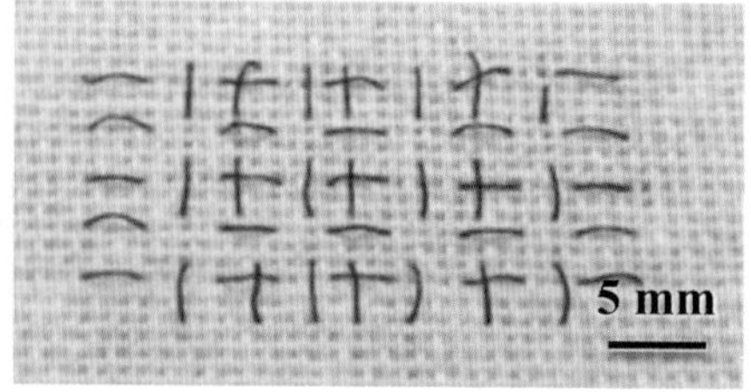


图 1-29　相变纤维制成的织物

穿着调温服的特点是感受不到冷和热的剧烈变化，并不是单一的增加保温也不是单一的增加凉爽，而是起到一个温度调节的作用，可以形象地将其比喻成穿在身上的“移动空调”。就像图 1–30 呈现的那样，在降温过程中，环境温度发生了变化，温度降到 32℃左右，但是相变纤维制成织物的部分温度还保持在降温之前 35℃左右，有很好的储热效果。那么，在什么场合会比较多地用到调温相变纤维制成的服装呢？主要有以下几个方面。

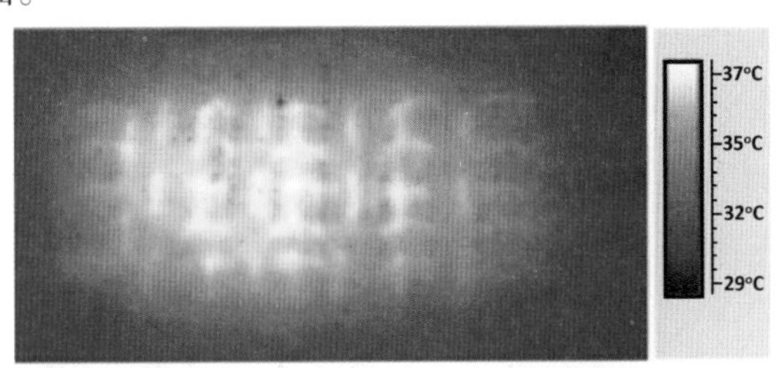


图 1–30　相变纤维织物红外热像图

（1）日常服饰领域

调温相变纤维做成的正装，在维持挺阔、线条流畅的同时，具有根据环境温度变化来调节人体温度的功能，并能在较冷的环境中摆脱臃肿，实现穿着舒适；制成运动性服装，在穿着的过程中可以根据人体过冷或过热的情况吸收环境或者人体产生的热量来保持运动者体温恒定，以免出现身体不适的现象。

（2）医疗用品领域

相变纤维可以制成多种温度段并适合人体部位形态的热敷袋、被褥等，吸收存储和重新释放热量，对病人的病情起到良好的辅助治疗作用；用作头盔、膝盖护垫、肘部衬垫等部位的保护性装置，可以适当地控制这些部位汗液的产生与排放，来调节身体局部温度的平衡，减少湿热的产生，从而为这些部位提供适当的冷却度。

（3）军事用品领域

可以用于制造飞行保暖手套、军用冷热作战靴、潜水服、冬季服装等，还能用于制作红外线伪装服。伪装主要是设法减少或者消除目标与背景的亮度差别。红外热像仪则是高于环境温度的物体都会向外放射红外辐射而成像，想要躲过热红外探测就须通过降低目标在热红外光谱段的热辐射，调温纤维及纺织品能缓冲人体散发出来的热，来降低热红外辐射，从而减少目标与环境之间的差异，所以调温纺织品可以在热红外伪装方面起到作用。

相变调温纤维对于节约能耗、环境保护以及提高生活质量等方面具有重大价值，并且随着制备工艺的不断优化，原料种类的不断增加，相变材料的各方面性能均有着显著提升，应用领域也越来越广。现如今，纤维材料纳米化，功能多样化，适应极端环境化也是未来的发展趋势，相信在众多科研工作者的不断探索下，调温相变纤维在未来一定会为人类社会的发展进步起到重要作用。

## 1.7 来自海洋的馈赠——海藻纤维

在广阔的海洋世界里，除了珍珠之外，还存在一个数量庞大，令人惊叹的“热带雨林”——海藻（图 1–31）。

（a）裙带菜

（b）马尾藻

图 1–31 海藻

海藻也就是海带、紫菜、裙带菜等海洋藻类的总称，它们不开花，没有果实和种子，被认为是简单的植物，通常生长在海底或某种固体结构上。最长的海藻超过了 33 m，也称为巨藻，是世界上最大的海洋植物。

不过，如此普通常见的海藻为什么会成为海洋送给我们的“宝贝”呢？首先，海藻富含维生素和矿物质，海带、紫菜是大众餐桌上常见的食材，同时海藻还具有清热止咳功能，提高人体代谢，抗衰老等功效，是一剂传统的药材，像日本人就喜欢直接食用海藻，来提高身体的抵抗力，减少感冒。不过仅仅依靠这些优势，海藻还不能成为我们真正的“宝贝”。研究发现，海藻主要价值在于海藻的成分，那么，将这些有用的成分提炼出来，添加在别的东西里面，还能充分发挥海藻的优势吗？

于是，研究者们做了这样一个实验，将海藻中提取到的海藻酸做成溶液，然后把这些溶液从许多小孔中挤出变成细长条状，再将这些细长条在一些特殊的溶液里凝固成为长线型，这样，海藻就不仅仅是用来填饱肚子的食物，而是变成了可以制备出袜子、运动衫、床单被套等丝织品的海藻纤维。海藻经过“升级改造”变成用途更广，作用更多的海藻纤维，这么厉害的海藻，怎么能不是我们的“宝贝”呢？

那么，能被称为“宝贝”的海藻纤维到底有什么“神通广大”的本事呢？

首先，海藻纤维的原料——海藻从大自然中来，又能再回到大自然中去，这个过程使得海藻纤维成为一种环保、可降解的绿色纤维。这样的绿色纤维得到了大家的“青睐”，越来越多的海藻纤维产品出现在我们眼前，如很多的海藻纤维布，海藻纤维线制成的床单、被套等。

海藻纤维不仅仅可以成为我们穿着的服装面料（图 1–32），在卫生医疗方面也是海藻纤维“大显身手”的地方，这是因为海藻纤维可以大量吸收伤口渗出物，减少伤口处绷带的更换时间，延长纱布的使用时长，同时还可以阻隔细菌的进入，有着明显的抑菌和消肿的效果。不仅如此，海藻纤维制成的纱布还有许多“氧气传输通道”，能够提高被纱布覆盖处伤口的舒适性。

（a）自然卷曲短纤

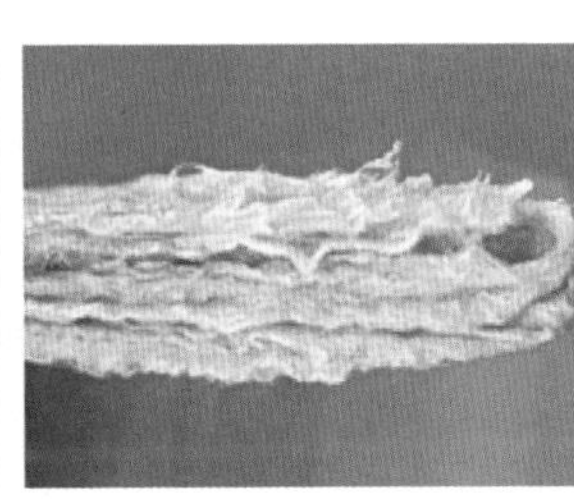
（b）长丝束

（c）黑色短纤

图 1–32　纺织服装用海藻纤维

除了医生常用的纱布（图 1–33），海藻纤维也被用作手术缝合线，这是因为利用海藻纤维制成的手术缝合线能够被人体吸收，避免了伤口愈合后的二次拆线，可以减缓病人的痛苦。在治疗的过程中，由于病人的抵抗力会下降，在伤口的愈合过程中容易被细菌感染，也容易产生难闻的气味，严重影响伤口的愈合速度和治疗环境。基于这个背景，研究者们在海藻纤维中加入了气味比异味更为强烈的香味，用来掩盖异味，使人们感受不到异味的存在，这样，同时具有抗菌和除臭效果的医用海藻纤维就诞生了。

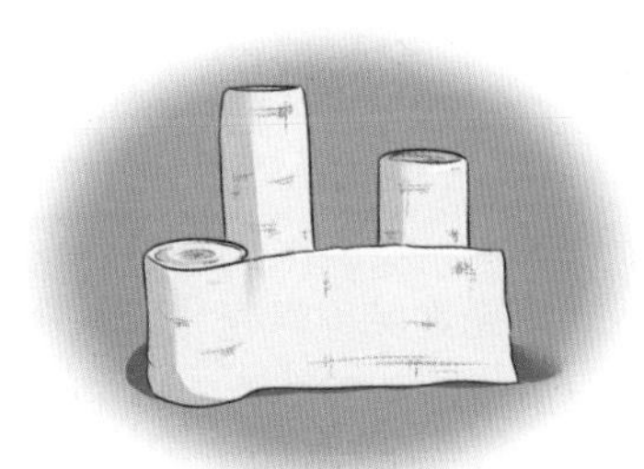
图 1–33　医用纱布

海藻纤维除了上面提到的优点以外，还有着许多独特的优势。研究者们发现，将海藻提取物经过高温窑烧后的黑色粉末具有良好的远红外线放射效果。远红外线是一种对人体十分有益的光，是我们的“生命之光”，它能够促进我们的血液循环，缓解关节疼痛，能够蓄热保温，同时也有美容护肤的效果，因此，海藻纤维受到了人们的喜爱，海藻纤维制品也越来越多地出现在我们的视野里，例如保暖内衣，海藻纤维面膜布等，相信随着时间的推移，这样优秀的海藻纤维会成为我们随处可见的“朋友”。

能被称为“宝贝”的海藻纤维厉害的地方还不止这些。日常生活中，大到闪电，小到电视，电磁辐射都无处不在，一般来说低强度的电磁辐射不会对我们的身体健康造成危害，但是如果长期处在高强度的电磁辐射中就会对我们的身体产生影响，高强度的电磁辐射会导致儿童的智力受损，也可能会对视力造成危害，甚至会诱发癌症，因此电磁辐射是我们不得不重视的问题。研究发现，海藻纤维能够很好地对抗这些电磁辐射从而起到保护我们的作用，所以，在不久的将来，准妈妈身上的衣服，某些工人身上的衣服，甚至我们身上的衣服都可能是由海藻纤维制备出来的，这样，我们就可以完全不怕电磁辐射了。

除了这些，海藻纤维也是消防员的“秘密武器”，因为在火场中，海藻纤维制成的防护服不会随着大火一起燃烧，能够始终保护着消防员的身体不受大火的伤害，这可是现在防护服做不到的。

从大海中来的海藻纤维有着许多令人惊叹的长处，也许在不久的将来，大街上到处都会是海藻纤维的背影，我们都穿着漂亮舒适的海藻衣在街上走着；在家里，床上是海藻被套、床单；在手术室里，医生接过海藻纤维的纱布，用海藻纤维制成的手术缝合线完成手术；在火灾现场，消防员穿着海藻防护服更加安全。这样的海藻纤维，怎么能不是我们的“宝贝”呢？

## 1.8 抗菌止血的“虾兵蟹将”——壳聚糖纤维

甲壳素又称甲壳质，是从虾壳、蟹壳（图 1-34）和节肢动物的外壳中提取出来的一种多糖物质，资源丰富，可再生，能溶于浓盐酸、磷酸、硫酸和乙酸，不溶于碱及其他有机溶剂，也不溶于水。而甲壳素的脱乙酰基衍生物就是壳聚糖了。

（a）虾

（b）蟹

图 1-34　虾壳、蟹壳

壳聚糖是甲壳素经浓碱溶液处理后脱去乙酰基的产物，又名甲壳胺、脱乙酰甲壳素，化学名为（1, 4）–2– 氨基 –2– 脱氧 – β –D– 葡萄糖，可看作是纤维素的 $C_2$ 位 –OH 基被 $-NH_2$ 基取代后的产物，具有非常复杂的双螺旋结构，其结构单元为壳二糖。

壳聚糖是一种白色或灰白色片状、粉末状固体，无毒，无味，略带珍珠光泽。由于壳聚糖的分子中含有 OH 基、$NH_2$ 基、吡喃环、氧桥等功能基，因此在一定的条件下，能发生生物降解、水解、烷基化、磺化、硝化、卤化、酰基化、氧化还原、缩合、络合等化学反应，从而生成各种具有不同性能的壳聚糖衍生物，扩大了壳聚糖的应用范围。

由于壳聚糖具有许多天然的优良性质，如吸湿透气性、生物相容性、生物可降解性、无抗原性、无致炎性和抗菌性等，因此被广泛应用于纺织工业、生物医学和日用环保等方面。在纺织工业领域的应用主要体现在以下五个方面。

（1）抗菌整理

壳聚糖具有广谱抗菌性，对大肠杆菌、枯草杆菌、金黄色葡萄球菌、乳酸杆菌等常见菌种都有明显的抑制作用。壳聚糖纤维棉织物和壳聚糖纤维涤棉混纺织物对大肠杆菌的平均抑菌率均高于 95%，对金黄色葡萄球菌的平均抑菌率均高于 98%。

（2）抗皱整理

将壳聚糖溶于乙酸溶液中，在一定工艺条件下对织物进行浸轧处理，可提高织物的抗折皱性能，且在防皱整理过程中，无毒、无环境污染，可作为永久性防皱整理剂使用。

（3）抗静电整理

由于壳聚糖分子中含有 $-NH_3^+$，因此能产生一定的抗静电功能。

（4）染色中的固色作用

壳聚糖具有优良的吸湿透气性、反应活性、吸附性、黏合性等，可提高织物的吸色性能，使染色增深，节约染料，同时提高织物的染色牢度。由于壳聚糖是含氮的阴离子型聚合物，除阳离子型染料外，几乎不会与其他染料生成不溶性沉淀。因此壳聚糖被公认为是阴离子型染料的理想固色剂。

（5）毛织物的防毡缩整理

由于壳聚糖能填充到羊毛鳞片的夹角内，因此不用包覆整根纤维，即可起到防毡缩的作用。壳聚糖作为一种离子型化合物对蛋白质也有很

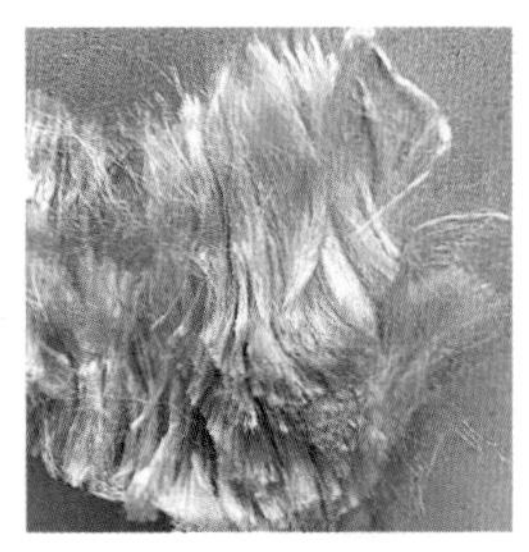

图 1-35　壳聚糖纤维

好的亲和力，用其来处理毛织物，还可赋予织物特殊的风格。

壳聚糖纤维就是将壳聚糖溶解于酸性溶液中，制成一定黏度的纺丝原液，再经过拉伸而得到的成品纤维，如图 1-35 所示。

壳聚糖纤维的断裂强度为 1.4~2.0 cN/dtex，与常用纤维相比偏小，断裂伸长率为 7%~15%，比合成纤维小，初始模量比合成纤维大，刚性大，不易卷曲。回潮率一般在 12%~18%之间，具有较强的吸湿性能。摩擦系数在 1.5 左右，具有较好的摩擦性能。壳聚糖纤维的质量比电阻和天然纤维差别不大，但远低于合成纤维。

壳聚糖纤维的性能与壳聚糖极为相似，同样具有优良的生物相容性、安全性、可降解性、广谱抑菌性、防霉除臭、吸附螯合、抗皱性、抗静电性、染色增深等性能，同时还具有很好的通透性、吸湿快干及快速止血的独特性能。

壳聚糖纤维在纺织工业领域、医用领域、军工及过滤领域都有着广泛的应用，如图 1-36 所示。

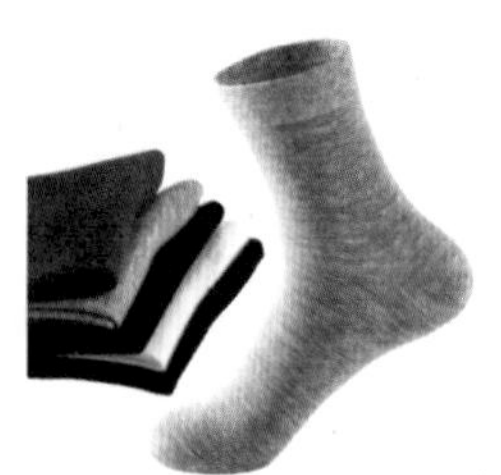

（a）抗菌袜

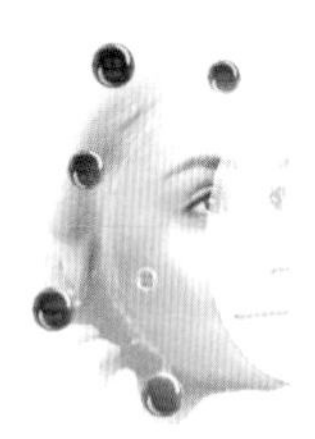

（b）面膜基材

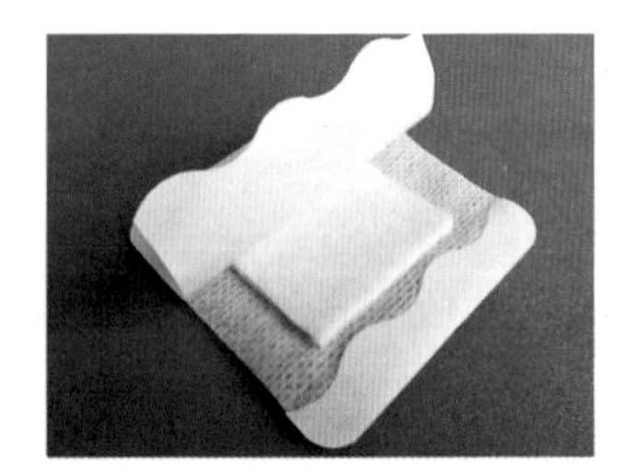

（c）医用辅料

图 1-36　壳聚糖纤维的应用

（1）纺织工业领域

壳聚糖纤维制成的面料，柔软舒适、富有弹性，同时具有良好的抗菌作用，广泛用于抗菌袜、抗菌内衣、运动服、婴儿服等产品，深受消费者的青睐。壳聚糖纤维还可以与棉、麻等纤维进行混纺，广泛用于制备床单、被套、毛毯等床上用品及毛巾、餐巾等家纺产品。

（2）医用领域

由于壳聚糖纤维具有良好的生物相容性和光谱抗菌性，已完全达到医用材料的标准，因此广泛用于手术缝合线、医用辅料、人造皮肤等各种医疗产品。还可用于卫生巾、纸尿裤等卫生产品，同时，由于其优异的吸附、抑菌功能，也可用于面膜基材等化妆品领域。

（3）军工领域

由于壳聚糖纤维具有光谱抗菌、快速止血、舒缓疼痛、促进伤口愈合等功效，可作为重要的功能性敷料，应用于战场急救纱布、作战内衣、战靴里衬材料等军工产品。

（4）过滤领域

由于壳聚糖纤维的多孔性与吸附性，可作为水净化过滤、空气净化过滤及核污染处理材料，广泛应用于过滤领域中。

## 1.9 21世纪超性能纤维——PBO纤维

PBO纤维是聚对苯撑苯并二噁唑纤维（Poly-p-phenylene benzobisoxazole）的简称，是20世纪80年代美国为发展航天航空事业而开发的复合增强材料，是由美国空军空气动力学开发研究人员发明的，首先由美国斯坦福（Stanford）大学研究所（SRI）拥有聚苯并唑的基本专利，后美国陶氏（DOW）化学公司得到授权。20世纪90年代，日本东洋纺公司购买了PBO的专利技术，并斥巨资建生产线，生产能力达到1 000吨/年左右规模，是全球最大的商业化生产PBO纤维的公司，日本东洋纺公司将其PBO纤维分为两种，纺织性的丝称为AS，而为提高弹性模量经热处理的丝称为HM。我国自20世纪90年代开始，经过30多年的研究攻关，江苏、四川等地已有企业能够进行PBO纤维的工业化生产，我国也成为全球第二个能够大批量生产高性能PBO纤维的国家。PBO纤维呈金色，分子中含有苯环及芳香杂环，分子结构呈钢棒状，分子单元链结构如图1-37所示。PBO纤维分子链中的苯并双恶唑和苯环是完全共平面的，分子链结构间存在高程度的共轭和空间位阻效应，致使其刚度非常大，同时由于PBO纤维分子是由苯环和芳香杂环组成，不但限制分子构象自由度，还增加了分子主链上的共价键结合能，使分子链间非常地紧密。

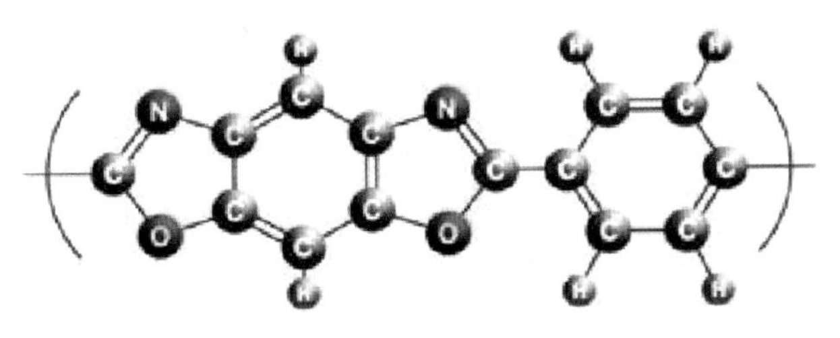

图1-37 PBO的结构单元

PBO 纤维的强度、模量在现有的化学纤维中最高，在火焰中不燃烧、不收缩，耐热性和难燃性均高于其他有机和无机纤维，耐冲击性、耐摩擦性和尺寸稳定性均很优异，且质轻柔软，是理想的纺织原料。同时由于兼备力学性能和耐高温、抗燃等特性，接近于理想的超纤维，因此被誉为“21 世纪超级纤维”。力学性能方面，PBO 纤维的拉伸强度高，其拉伸强度为 5 GPa，拉伸模量最高可达 280 GPa，一根直径为 1 mm 的 PBO 细丝可吊起 450 kg 的重量，但是其抗压强度比较低，PBO 纤维复合材料的耐冲击性和能量吸收量均优于芳纶和碳纤维，PBO 纤维的耐磨性、耐剪性和疲劳性均优于芳纶纤维，在热稳定性及阻燃性方面，PBO 纤维没有熔点，即使在高温的条件下也不熔融，是迄今为止耐热性最高的纤维，其热分解温度 650℃，工作温度高达 300℃ ~ 500℃，PBO 纤维从室温加热到 400℃，其拉伸模量仅下降 17.4%。PBO 纤维的极限氧指数（LOI）为 68，仅次于聚四氟乙烯纤维（LOI 为 95），而且在 750℃ 燃烧时产生的 CO、HCN 等有毒性气体很少，远远低于芳族聚酰胺纤维。在化学稳定性方面，PBO 纤维也很好，除溶于 100% 的浓硫酸、甲基磺酸、氯磺酸等强酸外，在几乎所有的有机溶剂及碱中都很稳定，其强度几乎没有变化。在尺寸稳定性方面，高模 PBO 纤维在 50% 断裂载荷下 100 h 后的塑性变形不超过 0.03%，同时 PBO 纤维在 5% 断裂载荷下的蠕变值是同样条件下对位芳纶的 2 倍，PBO 纤维还具有负的线膨胀系数。

PBO 纤维优良的性能使得其在航天、军工、防护等领域具有广泛的用途。

（1）航空航天领域

在航空航天领域，PBO 纤维因其具有高比强度、高比模量的优点，是首选的纤维材料。用于火箭、宇宙飞船、卫星等结构构件以及发动机的绝缘、隔热、燃料油箱等绝缘材料和电器部件等；还可用于航天服、飞机座位的阻燃层及宇宙空间往返的绳、带材料、行星探索气球、航天器舱体保护层。相对于用 T800 级碳纤维复合材料制成的固体火箭发动机壳体（图 1-38），其容器性能要提高 31%，减重 30%，使发动机质量比达到 0.93 以上，为其他结构部件、装药等预留出更大空间，能够使固体火箭发动机的性能和导弹射程得到更大提升。

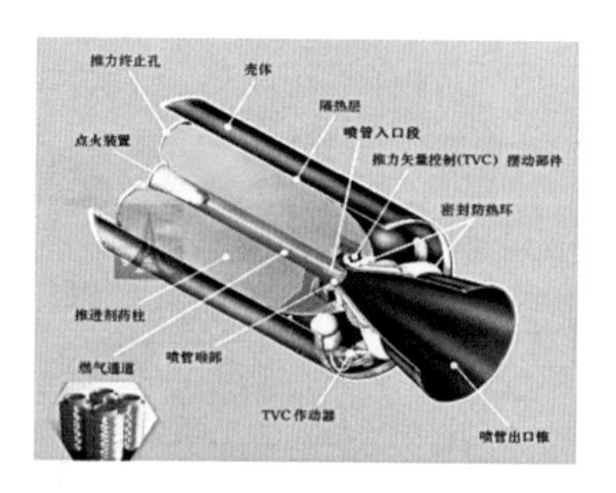

图 1-38　固体火箭发动机结构示意图

（2）国防军工领域

PBO 纤维可用于舰艇、坦克、潜艇、装甲等机身的结构材料及弹道导弹、战术导弹等的增强材料，减少机身的重量。PBO 纤维的耐冲击性好，又可用于子弹的防护装备、防弹背心、防弹头盔，是高性能等级的防护材料，在达到同样的防护水平时，比 PTTA（芳纶 1414）制作的头盔轻 35%、薄 35%，PBO 纤维材料的防弹服厚 3 mm 就可以达到美国 NIJ 标准中 IIA 等级。同时，PBO 纤维及其复合材料还具有良好的吸波、透波性能，美国战斗机采用 PBO 纤维作为吸波隐形材料。

（3）个人防护领域

PBO 纤维阻燃性能好、极限氧指数高，在火焰中不燃烧、不收缩、非常柔软，常用于制作安全手套、高温炉前防护服、消防服、安全靴、防割伤工作服、焊接工作服、可燃场所工作服等特殊防护品。日本的小林防护服公司、仓本产业公司均生产符合 ISO 规范的新一代 PBO 防护服。

（4）增强加固领域

PBO 纤维高强高模，可作为光纤电缆加强芯，如图 1–39 所示，材料的冲击能量吸收比芳纶复合材料高近 2 倍，在相同的条件下，PBO 纤维复合材料的最大冲击载荷可达到 3.5 kN，能量吸收为 20 J，而 T300 碳纤维和高模芳纶复合材料的最大冲击载荷和能量吸收分别为 1.3 kN、1 kN 和略高于 5 J、5 J，均远低于 PBO 纤维复合材料。PBO 纤维长丝还可用于轮胎、传送带、胶带、胶管等橡胶制品及混凝土中作为补强材料。

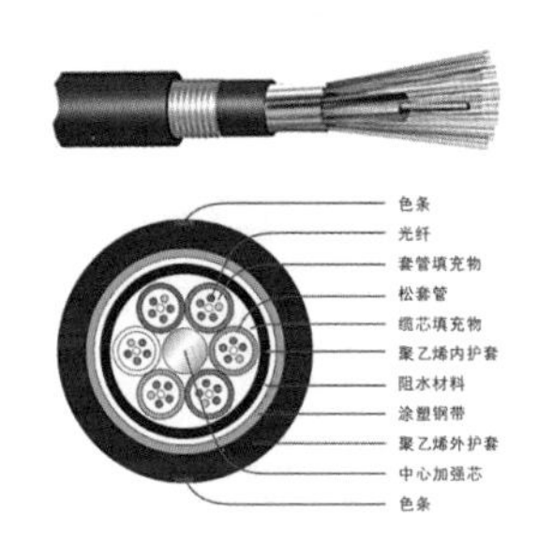


图 1–39　PBO 加强芯高强度光缆横截面

## 1.10　全能“黑金刚”——碳纤维

如图 1–40 所示，一根仅有头发丝 1/10 粗细的高性能碳纤维（Carbon Fiber，简称 CF），拉伸强度可以达到钢的 7~9 倍，而单位体积重量（密度）仅有钢的 1/4。在 2 000℃的高温惰性环境下，其他类型的纤

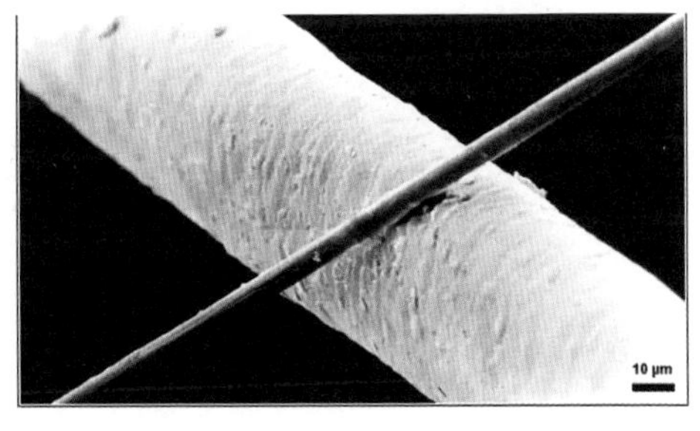


图 1–40　碳纤维与头发丝对比

维已化为灰烬，它却毫无变化，保持纤维强度不下降，甚至部分金属及合金类结构材料都难以实现。这看似不起眼的碳纤维，成了新材料界的一匹“黑马”，大到航天飞机，小到手机壳，如今碳纤维的应用已经深入到生产、生活的众多方面。

碳纤维这一概念最早可以追溯到 19 世纪，英国人约瑟夫・斯旺最早用碳丝制造电灯泡的灯丝，后来爱迪生做出了实用的白炽灯碳灯丝，两人利用竹子和纤维素等原材料经过一系列后处理制成了最早的碳纤维，将其用作灯丝。不过由于 1910 年库里奇发明了拉制钨丝的方法，灯丝全面改用钨丝，早期的碳纤维研究被打入冷宫。1959 年，美国联合碳化物公司和美国空军材料实验室生产并上市了黏胶基碳纤维 Thornel-25。同年，日本进藤昭男（Shindo A）首先发明了聚丙烯腈（PAN）基碳纤维。20 世纪 90 年代，日本东丽（Toray）、东邦（Toho Tenax）等多家公司先后推出多类型高性能碳纤产品，拉伸强度从 3.5 GPa 提高到 5.5 GPa，模量从 230 GPa 提高到 600 GPa，碳纤工艺技术的重大突破推动其应用开发进入一个新的高水平阶段。我国碳纤维产业自 20 世纪 60 年代开始起步，经过长期自主研发，从无到有，从小到大，打破了国外技术装备封锁，碳纤维产业化取得初步成果。

碳纤维的化学成分主要是碳元素，含碳体积分数随种类不同而异，含碳量一般在 90% 以上。它是由有机母体纤维（聚丙烯腈、黏胶丝或沥青等）先经过预氧化过程形成预氧丝，随后预氧丝在 1 000~3 000℃高温、惰性气体环境下，高温分解、碳化制成的无机高分子纤维，其分子结构介于石墨与金刚石之间。

碳纤维“外柔内刚”，外形呈纤维状、柔软、可加工成各种织物（图 1-41），由于其石墨微晶结构沿纤维轴择优取向，因此沿纤维轴方向有

（a）碳纤维束　　（b）碳纤维制品

图 1-41　碳纤维束及其制品

很高的强度和模量。碳纤维密度仅 1.76~1.94 g/$cm^3$，远低于钢铁和铝，却具有超高的抗拉强度（抗拉强度＞ 3 500 MPa，抗拉模量＞ 230 GPa），杨氏模量是传统玻璃纤维的 3 倍，是凯夫拉纤维（KF–49）的 2 倍。作为新一代增强纤维，“黑金刚”碳纤维成功掀起了 21 世纪的黑色革命，除了力学性能优异，还具有耐高温、抗摩擦、导电、导热及耐腐蚀等特性，主要用途是作为增强骨架与树脂、金属、陶瓷及炭等复合，制造先进复合材料。

碳纤维具有出色的力学性能和稳定性，是发展国防军工与国民经济的重要战略物资，广泛应用于航空航天、汽车制造、体育休闲、建筑和工业机械、风电叶片、压力容器等领域。

（1）航空航天领域

碳纤维是火箭、卫星、导弹、战斗机等尖端武器装备必不可少的战略基础材料。将碳纤维复合材料应用在战略导弹的弹体上，可大大减轻重量，提高导弹的射程和突击能力。碳纤维复合材料在新一代战斗机上也开始得到大量使用，使战斗机具有超高音速巡航、超视距作战、高机动性和隐身等特性。采用碳纤维与高性能树脂复合制成的飞行器，噪声小，同时因质量小而动力消耗少，可节约大量燃料。

（2）汽车领域

碳纤维复合材料的振动衰减系数较大，吸振能力较强，所以当被应用到传动系统和发动机部件当中，可以有效地减轻车身的重量，减少振动，降低噪音。现在的 F1（世界一级方程锦标赛）赛车车身（图 1–42（a））大部分结构都用碳纤维材料，众多顶级跑车（图 1–42（b））的一大卖点也通过巧妙使用碳纤维来提高车辆的气动性和结构强度。

（a）赛车车身　　（b）碳纤维跑车

图 1–42　碳纤维在汽车领域应用

（3）休闲运动领域

相比其他材料，碳纤维的破损安全性能好，设计自由度大，碳纤维材质的体育用品更轻，更坚硬，更耐用，并能最大限度地发挥使用效果。用碳纤维制成的网球拍轻而坚，刚性大，应变小，可降低球与球拍的偏离度，同时可以延长线与球的接触时间，使网球获得较大的加速度。此外，在娱乐休闲用品方面还可以制造提琴面板、高尔夫球杆、钓鱼竿、自行车、滑雪板等，如图 1–43 所示。

（a）提琴面板　（b）羽毛球拍　（c）碳纤维自行车

图 1–43　碳纤维在休闲运动领域应用

（4）其他工业领域

高模量碳纤维已经成为风电叶片的另一主力市场，如图 1–44（a）所示，据测算，40 m 以上的风电叶片使用碳纤维后可使叶片自重减少 38%，风电的成本大幅下降，还可以提高叶片抗疲劳性能，提高输出功率。另外，碳纤维也是桥梁、建筑物加固和抗震的理想材料，碳纤维制成的构架屋顶，可减小建筑的体积和质量，提高施工效率并增强建筑体抗震性。从压力容器到改性工程塑料，从医疗辅助装置到工业机械部件，如图 1–44（b）所示，碳纤维凭借着其显著的性能优势和轻量化能力在众多领域大放光芒。

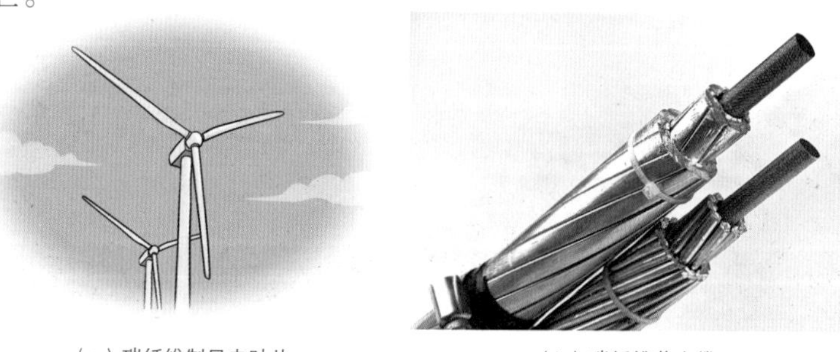

（a）碳纤维制风电叶片　（b）碳纤维芯电缆

图 1–44　碳纤维在其他工业领域应用

“黑金刚”碳纤维的黑科技越来越受到关注，在各大领域发挥着举足轻重的作用，潜在市场大，逐渐发展成为真正的大国重器！

## 1.11　轻量级“大力士”——超高分子量聚乙烯纤维

港珠澳大桥是世界上最长的跨海大桥，全长近 50 km，宛如一条“巨龙”横卧在珠江与香港之间的伶仃洋面上，被誉为“世界新七大奇迹”。谁也不曾想到，如此浩大的工程与小小的纤维——超高分子量聚乙烯（UHMWPE）纤维联系在一起。由我国自主研发的 UHMWPE 纤维具有无可比拟的性能优势，其组成的吊带可轻松吊起重达千吨的钢筋混凝土预制件，成功助力“港珠澳大桥”桥面的合拢吊装。

超高分子量聚乙烯纤维，如图 1–45 所示，又称高强高模聚乙烯纤维，与碳纤维、芳纶纤维并称当今世界三大高科技特种纤维。与普通的聚乙烯纤维相比，UHMWPE 纤维强度及韧性更好，具有优良的抗冲击性和抗切割性、高耐磨性、耐化学腐蚀性等特性，其强度是钢铁的 15 倍，比碳纤维和芳纶 1414（Kevlar）还要高 2 倍，是工业化纤维材料中比强度最高纤维之一。

图 1–45　超高分子量聚乙烯纤维材料

UHMWPE 纤维的优异性能离不开一种特殊的纤维成型工艺——冻胶纺丝工艺，其关键技术核心是减少宏观和微观的缺陷，使分子链几乎完全沿纤维轴向排列。根据 UHMWPE 纤维制备过程中使用溶剂及脱除方式不同，目前冻胶纺丝技术路线主要分为以荷兰帝斯曼（DSM）公司为代表的干法冻胶纺丝路线和以美国霍尼韦尔（Honeywell）为代表的湿法冻胶纺丝路线。两种冻胶纺丝工艺都大致可以分为四个环节：纺丝原液的制备、凝胶原丝挤出、溶剂脱除以及多倍热拉伸。与湿法工艺相比，干法工艺具有流程短、生产过程环保、产品综合性能高等特点。

20 世纪 70 年末期，荷兰帝斯曼公司首次制备超高分子量聚乙烯纤维成功，并于 1990 年开始工业化生产。随后美国 Allied Signal（现为美国霍尼韦尔公司）和日本东洋纺（Toyobo）相继开展研究并实现商业化。我国从 20 世纪 80 年代开始对 UHMWPE 纤维进行研究开发，继美国、荷兰之后拥有自主知识产权，现已成为 UHMWPE 纤维生产量第三大国，年产超过 250 吨。UHMWPE 纤维产业链从树脂原料到纤维，再到终端产品，主要包括绳索、纺织物及复合材料三大类别，广泛应用于海洋产业、军工安防、医疗卫生、体育器械、轨道交通、市政建设等领域。

（1）海洋产业领域

UHMWPE 纤维具有高强高模、耐腐蚀、耐磨损、柔韧性好的特征，可防止海洋中微生物的附着，且材料密度只有 0.97 g/cm$^3$，可浮于海面上，是海面作业绳索的理想原料。如图 1–46（a）所示，UHMWPE 纤维绳索在海水中能有效解决钢绳的锈蚀问题和尼龙、聚酯缆绳在海水中的水解和紫外降解问题。另外，如图 1–46（b）所示，超高分子量聚乙烯纤维制成的渔网无吸水性、耐紫外线、强度高、网丝细，用作拖网阻力小，减少渔船能耗，提高了捕捞效率；加工成深海养殖网箱固定性好，力学性能优异，有效防止了食肉鱼对经济鱼的猎杀，降低了养殖成本。

（a）高强缆绳

（b）渔网

图 1–46　UHMWPE 绳网制品

（2）安全防护领域

由于 UHMWPE 纤维具有质轻高强及比能量吸收高的特点，抗冲击能力优于碳纤维、芳纶等，是一种非常理想的防弹、防刺安全防护材料。以 UHMWPE 纤维为原料通过 0~90° 垂直排列制成无纬布，进一步复合加工而成防弹衣（图 1–47（a））、防弹头盔（图 1–47（b））等，这些防弹制品质量轻，防护性能比常规钢板强度优数倍。除此之外，在安全防护方面，UHMWPE 纤维制品在防割手套（图 1–47（c））、防刺服、降落伞、坦克装甲、轻型车辆中也具有广泛应用。

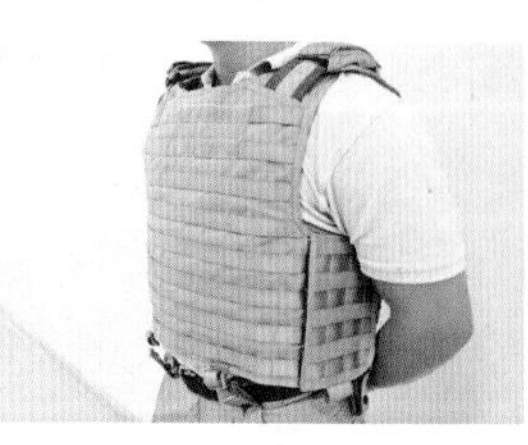

（a）防弹衣

（b）防弹头盔

（c）防割手套

图 1–47　UHMWPE 纤维安全防护用制品

（3）医疗衬垫、支架材料

UHMWPE 纤维因生物稳定性、相容性以及良好的物理机械性能被广泛应用于医学领域，例如外科移植构件、牙托产品、整形缝合线等医学材料。其中，在关节替代物的开发应用技术中发展时间最长且技术最成熟，已经有超过十年的临床经验和历史。近年，人耳支架材料、颅骨支架材料以及神经支架材料中均开始引入 UHMWPE 进行研发。

（4）纺织和体育器械领域

在纺织领域，超高分子量聚乙烯纤维凭借其独特的性能优势，可应用于制造具有凉感的床单、被面、枕套、枕巾、凉席、沙发垫、靠垫、高强缝纫线、牛仔面料等产品。在体育器械领域，超高分子量聚乙烯纤维可制成安全帽、滑雪板、帆轮板、钓竿用钓鱼线、球拍等，其综合性能优于传统材料。

（5）其他工业领域

由于 UHMWPE 纤维具有强度高的显著优势，可利用复合成型技术制作各种板材、型材、管材等复合材料。如图 1-48 所示，UHMWPE 纤维复合增强管及其结构示意图，增强管可分为三层，内层为具有耐腐蚀、耐磨等功能的 UHMWPE、中间层为钢丝、钢带、玻璃纤维、碳纤维等多层缠绕形成的增强层和外层则采用抗刮伤、耐老化高密度聚乙烯作为保护层。此外，UHMWPE 纤维材料还可广泛应用于各类耐压容器、传送带、过滤材料、汽车缓冲板、铁路公路桥梁支座垫片等领域。

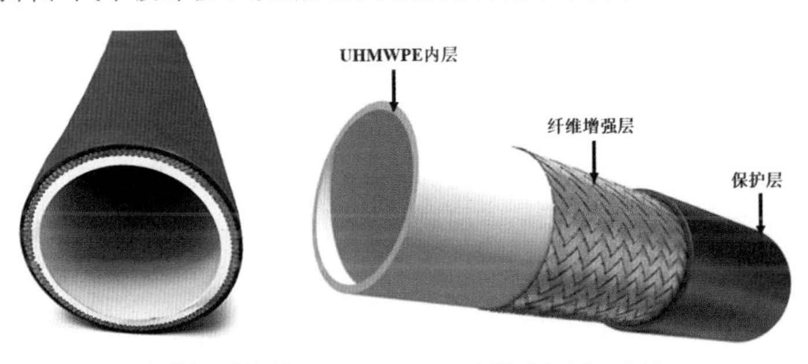


（a）UHMWPE 纤维复合增强管　　（b）增强管结构示意图

图 1-48　UHMWPE 纤维复合增强管及其结构示意图

综合来看，UHMWPE 纤维作为我国重点发展的关键战略材料，在国家产业政策的支持下，产品性能不断提高，技术水平持续提升，市场需求稳步增长。随着我国 UHMWPE 加工工艺和改性技术的成熟，落实产学研结合，加上生产成本的下降，将推动其在更多领域的应用。

## 1.12 能上刀山敢下火海——芳纶纤维

在冷兵器时代，士兵在战斗时会穿着各种护甲保护身体，这些护甲主要是用铁片、皮革等材料做成，具有重量大，限制人体活动的缺点。随着火药枪的出现，传统的护甲对于枪弹基本没有防护作用。在武侠小说中，经常会出现一种虚构的防护神器，天蚕丝软甲，它柔软强韧，可以贴身穿着，刀枪不入，对人体能够起到很好的防护作用。那现实生活中，是否能制备出像小说中描述那样的防护软甲呢？答案是肯定的。这种金丝软甲就是使用芳纶纤维（图 1–49（a））制备而成，既能防刺（图 1–49（b））又能防弹，同时又有优异的阻燃、耐高温性能，如图 1–49（c）所示，是一种名副其实的能上刀山敢下火海的高性能纤维。

（a）芳纶纤维

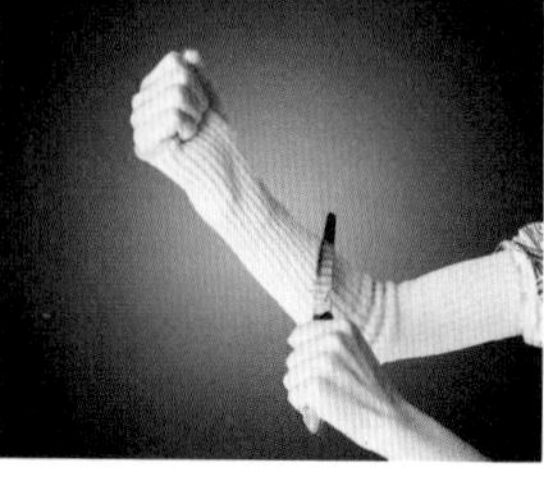

（b）防割织物

（c）防火服

图 1–49 芳纶纤维及防护织物

芳纶纤维为何会有此神奇的功能呢？这是由于芳纶纤维的独特结构决定的。芳纶纤维的学名为芳香族聚酰胺纤维（Aramid），我国定名为芳纶纤维，与锦纶一样同属于聚酰胺类纤维，不同的是芳纶纤维中连接酰胺基的是芳香环或芳香环的衍生物，因此可分为全芳香族聚酰胺纤维和杂环芳香族聚酰胺纤维两大类。全芳香族聚酰胺纤维中已经工业化的产品主要是对位芳纶和间位芳纶。其中，间位芳纶的耐高温性能和阻燃性能好，被广泛地应用于阻燃和防火领域；对位芳纶具有强度高、韧性好的特点，被广泛应用于防刺防弹材料。

间位芳纶即聚间苯二甲酰间苯二胺（PMIA），我国称之为芳纶 1313，诞生于 20 世纪 60 年代，由美国杜邦公司研发成功，商品名为 Kevlar。间位芳纶纤维的大分子呈锯齿状排列，分子链的键离解能高，使得间位芳纶的分解温度可以达到 450℃，耐高温性能好。可在 220℃的高温下长期使用，短时间暴露在 300℃高温下也不会收缩、熔融，在 400℃时开始碳化。间位芳纶的极限氧指数达到 27~30，为阻燃纤维，燃烧时不会熔化、滴落。间位芳纶具有良好的耐热性、超强的阻燃性、良好的电绝缘性、力学特性、稳定的化学性能，作为基础材料广泛应用于航空航天、国防军事、电子、通信等高科技产业领域。

间位芳纶通常被制成各种阻燃隔热防护服，有较好的织物热湿舒适性。该服装在遇火时外层纤维会迅速碳化，不熔滴，形成隔热层，保护人体免受高温伤害，快速逃生。与对位芳纶和导电纤维混用时，可以有效地防止面料的高温爆裂，防止电弧和烈焰的危害。间位芳纶制备的消防服、飞行服、防化服、防电弧服、车手服等特种防护服装，如图 1–50 所示，被广泛地应用在消防、航空航天、石化、冶金和赛车等领域，用于容易发生闪燃、闪爆、电弧、金属飞溅、化学品喷溅等工作环境下的防护。在高温烟气过滤领域，间位芳纶被用于生产高温过滤毡和过滤袋，用于工业烟气除尘。在家用纺织品领域，间位芳纶织物、地毯、隔板、墙纸应用于公共建筑、交通工具及家庭防火装饰。

（a）防电弧服

（b）赛车服

（c）防弹衣及防弹头盔

图 1–50　芳纶纤维应用

对位芳纶即聚对苯二甲酰对苯二胺（PPTA），国内称之为芳纶 1414，由美国杜邦公司于 1971 研制成功，商品名为 Kevlar。对位芳纶的大分子主链为线性长分子结构，呈现一种刚性结构，决定了纤维的高强度。大分子链通过氢键形成交联网状结构，排列规整性较好，沿着轴向高度取向，纤维的结晶度高，实现了高模量。对位芳纶纤维具有高强度、高模量、耐高温、耐酸碱、质量轻等优良性能，纤维的比强度是钢的 5 ~ 6 倍，模量是钢丝和玻璃纤维的 2 ~ 3 倍，韧性是钢丝的 2 倍，而密度为 1.44 g/mm$^3$，仅为钢丝的 1/5 左右。优异的力学性能，使得对位芳纶广泛地应用于安全防护、防弹，橡胶制品增强，高强度缆绳等领域。芳纶织物可以制成防弹背心、防爆毯，与树脂复合制成防弹板、头盔、装甲防爆内衬垫。在工业上作为防护服装，防止各种切割、摩擦、穿刺、高温和火焰带来的伤害。对位芳纶纤维在国防、航空航天、汽车减重、新能源开发等各方面具有不可替代的作用。

## 1.13 弹力“超人”——氨纶纤维

氨纶（Spandex）是聚氨酯弹性纤维的简称，最初由德国拜耳（Bayer）公司于1937年试制成功，1958年美国杜邦（DuPont）公司实现了其工业化生产。短短几十年间，氨纶已成长为最重要的纺织纤维之一，在日常服用织物中随处可见，商品名称众多，有莱卡Lycra（美国、英国、荷兰、加拿大、巴西）、尼奥纶Neolon（日本）、多拉斯坦Dorlastan（德国）等，其中莱卡标识已成高档氨纶的代名词。中国已成为全球最大的氨纶生产和消费国。2019年底，国内氨纶总产能约86万吨，约占全球产能的70%；主要生产企业约20家，主要集中在浙江、广东、江苏、山东等地。

图1-51 弹性极佳的氨纶织物

氨纶纤维最显著的特点是其卓越的弹性，能被拉伸到原长的5~8倍后又能收缩回原先的长度，堪称纤维界的“弹力超人”，如图1-51所示。然而，为什么氨纶纤维具有如此惊人的弹性呢？

这是由氨纶纤维独特的分子结构所决定的。氨纶是由二元醇与二异氰酸酯经嵌段共聚，再经纺丝而成的纤维。其结构中的二元醇可分为聚醚二醇和聚酯二醇，因此，可将氨纶纤维分为聚醚类和聚酯两类。这类聚酯（分子量：1 000~5 000）或聚醚（分子量：1 500~3 500）链段相对分子质量较低、不具结晶性、相对滑移的能力较强，因此，作为纤维中的“软链段”存在，为极强的形变能力提供了结构基础。然而，仅仅有“软链段”的存在还不足以实现纤维的高效回弹。氨纶纤维的结构中还存在一些“硬链段”，如芳香族二异氰酸酯链段等，其结晶性较好、可形成横向交联、刚性较大，基本不产生变形，从而防止分子间滑移，赋予了纤维足够的回弹能力。

氨纶纤维的横截面呈圆形、土豆形、狗骨形等，也有一些纤维表面光滑或呈锯齿状。干、湿态断裂比强度是橡胶丝的2~4倍。吸湿范围较小，一般为0.3%~1.2%。耐热性视品种不同而有较大差异，大多数纤维可承受90~150℃的短时间热处理，纤维不会受到损伤，安全熨烫温度为150℃以下。化学稳定性较好，较为耐酸、耐有机溶剂，但不耐氧化物，易使纤维变黄与强力降低，耐气候性亦较差。染色性能较好，适应于多种染料，如分散染料、酸性染料、中性染料、酸性媒染染料等。

氨纶一般不用于单独织布，而是与其他纤维进行混用，改善面料的弹性，增加服装穿着舒适性与保形性。氨纶面料可分为如下几个种类。

（1）高弹运动型面料

高弹运动型氨纶面料具有优异的弹力，面料可拉伸至原长的5~8倍。例如，由锦纶（尼龙）/ 氨纶包覆或合捻纱制成的高弹面料，结合了两种纤维的独特性质，不但具有锦纶不变形、滴水快、易洗涤，易干的特点，也具有氨纶穿着贴身舒适的优势，常用于制作泳衣（图 1–52）、专业运动服（图 1–53）等。

图 1–52　泳衣

图 1–53　专业运动服

（2）舒适贴身型面料

舒适贴身型氨纶面料具有较好的弹性，一般氨纶的添加比例大约在3%~10% 之间，通常应用于对肢体活动范围及舒适度有一定要求的服饰制作，如内衣（图 1–54）等。

（3）高档服用型面料

高档服用型氨纶面料的弹性较低，氨纶的添加比例一般在 5% 以内，可改善面料的穿着舒适性，但不改变原材料的风格特点，一般用于制作较为日常的服饰，如高档牛仔裤（图 1–55）等。

图 1–54　氨纶混纺内衣

图 1–55　氨纶混纺牛仔裤

氨纶作为弹性最好的合成纤维已在国内快速发展。氨纶因弹性好、抗撕裂强度高、手感平滑等优点，成为生产各类衣物服饰不可或缺的一味“佐料”，可谓“无弹不成布”。

## 1.14　真金不怕火炼——碳化硅纤维

碳化硅（SiC）纤维是一种以碳和硅为主要成分的高性能陶瓷材料，具有高强度、高模量、低热膨胀系数、电阻率可调节、抗氧化、热稳定性好、耐磨性优异等特性，可以在 1 300℃以上的空气中和 1 600℃以上的惰性气氛中稳定使用，抗拉强度达到 1 960~4 410 GPa，模量达到 176~400 GPa，可满足高性能陶瓷基复合材料的苛刻要求。但其最大的缺点是材料韧性比较低、脆性大。目前碳化硅纤维已成为高性能复合材料的重要增强体，采用高强度、高模量的连续陶瓷纤维与基体复合，是提高陶瓷韧性和可靠性的一个有效方法，在现代航空、航天、军事等领域具有广阔的应用前景。

碳化硅纤维，英文名为 silicon carbide fibre，是以有机硅化合物为原料经纺丝、碳化或气相沉积而制得具有 β－碳化硅结构的无机纤维，属陶瓷纤维类。具有耐腐蚀、耐高温、强度大、导热性能良好、抗冲击等特性，用于制作高级耐火材料。由碳化硅制备的碳化硅纤维材料也具有耐高温等特性，其最高使用温度可达 1 200℃，耐热性和耐氧化性均优于碳纤维，强度可达 1 960~4 410 MPa，在最高使用温度下强度保持率在 80% 以上，模量为 176.4~294 GPa，化学稳定性较好。从形态上可将碳化硅纤维分成晶须（图 1–56）和连续纤维（图 1–57）两种。其中碳化硅晶须的直径一般为 0.1~2 μm，长度为 20~300 μm，外观是粉末状。

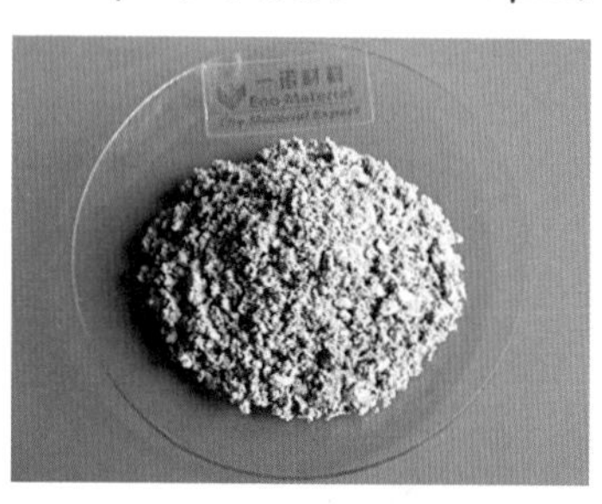
图 1–56　碳化硅晶须

图 1–57　连续碳化硅纤维

碳化硅纤维的制备方法有先驱体转化法（PIP）、化学气相沉积法（CVD）、反应熔渗法（RI）、纳米浸渍瞬时共晶法（NITE）4 种，其中实现了商品化的是化学气相沉积法（CVD）和先驱体转化法（PIP）。化学气相沉积法（CVD）制备碳化硅纤维最早是在 1972 年由美国的 AVCO 公司研发，也是早期生产碳化硅纤维复合长单丝的方法。1975 年，日本东北大学的矢岛圣使（Yajima）教授带领的小组采用先驱体转化法，以聚碳硅烷为先驱体成功制得了直径为 10μm 左右的连续 SiC 纤维，之后，美国、日本等材料公司便尝试利用先驱体转化法将碳化硅纤维进行工业化生产。目前国外生产碳化硅纤维的企业主要包括美国通用电气公司（GE）、法国赛峰集团（SAFRAN）、美国 TEXTRON SYSTEMS 以及日本碳素公司。

20 世纪 80 年代，以国防科技大学冯春祥教授为首的科研团队经过艰苦的探索，于 1991 年建成了国内第一条连续碳化硅纤维实验生产线。2000 年以后，我国进入了第一代 SiC 纤维的应用研究阶段，由于其涉及敏感的军事应用，日美等国长期以来一直对我国实行严格的技术封锁和产品出口限制。我国开始了艰苦攻关，自主研发的 SiC 纤维产业化开发。苏州赛力菲陶纤有限公司、厦门大学等单位先后投入力量进行 SiC 纤维的研制。2005 年，苏州赛力菲陶纤有限公司实现了关键核心装备自制，一举打破了日美等国长期以来对该类军事敏感材料的技术封锁和产品垄断。2016 年为推动第二代连续 SiC 纤维的产业化，国防科技大学与九江中船仪表有限责任公司合作筹建了宁波众兴新材料科技有限公司，建设年产十吨级第二代连续碳化硅陶瓷纤维产业化线。厦门大学与福建火炬电子科技股份有限公司合作进行产业化开发。至此，连续 SiC 纤维在产品种类、性能和产量上已有大幅进步，尤其是第二代 SiC 纤维已经接近日本 Hi-Nicalon 纤维水平。“十三五”期间，国内开展了对第三代连续 SiC 纤维的关键技术研究。目前，国防科技大学正在进行小批量制备，下一步将开展系统的工程化关键技术攻关，尽快实现这种纤维的批量化，以满足航空航天领域的迫切需求。

凭借优异的性能，碳化硅纤维通常以一维形式、二维形式和三维形式的纤维集合体、非织造布的形式应用于各个领域的部件中，目前其主要应用的领域如下。

（1）航空航天领域

SiC 纤维通常以平面织物形式应用于航天飞机、超高音运输机的高温区和盖板，空间飞机或探测器发动机的平面翼板及前沿曲面翼板燃烧室，燃气涡轮发动机的静翼面、叶片、翼盘、支架和进料管，飞机以及高超飞行器的发动机喷口

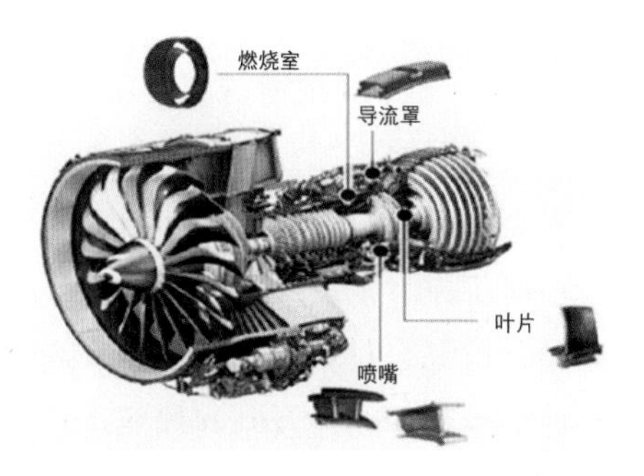

图 1-58　航空发动机示意图

挡板、调节片、衬里、叶盘等。美国某知名公司研发的某款航空发动机（图1–58）的4个主要部件，包括燃烧室、导流罩、高压涡轮机中的叶片和喷嘴，都采用碳化硅纤维基陶瓷复合材料替代镍合金，使得燃油效率得以提升。

（2）军事领域

碳化硅纤维通常通过异形编织物的形式应用于大孔径军用布枪金属基复合枪筒套管、巡航弹（图1–59）的尾翼、头锥、鱼鳞板、尾喷管、鱼雷壳体等部件，一般是以碳化硅增强铝或碳化硅纤维与PEEK（聚醚醚酮树脂）混编织物的形式存在，其主要发挥优良的吸波性能，用作隐身材料。

（3）核能领域

碳化硅纤维具有硬度高、优越的耐腐蚀性能以及良好的导热性能，是一种重要的高温结构材料。尤其是它能适应高温、强辐射的工作环境，因而在核能技术应用上受到广泛重视。通常碳化硅以纤维毡的形式应用于核电站耐辐射材料及核聚变装置的第一堆壁、偏滤器、燃料包覆以及控制棒材料（图1–60）。

图1–59　国产某型巡航弹

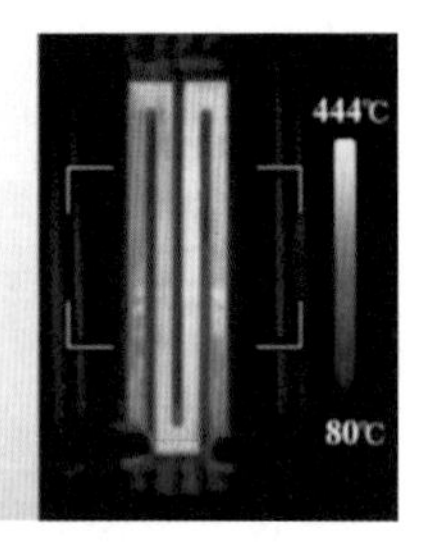


图1–60　某国核反应堆的碳化硅复合材料加热器

（4）民用领域

碳化硅纤维通常以短切或连续纤维的形式应用于仪器仪表、汽车、体育用品、电子信息、音响器材、窑炉材料、医卫用品等。在民用领域，碳化硅纤维已经应用到了日常的防盗和防火探测器探头中。

（5）光学反射镜领域

由于对地观测、深海探测等领域的迅猛发展，对光电成像系统的观测能力提出了越来越高的要求。光学反射镜作为其中重要的组件，得到了科研工作者的广泛关注。碳化硅材料属于第三代反射镜材料，纤维增强碳化硅复合材料具有高强度、高模量、较高断裂韧性、较低的热膨胀系数、耐化学腐蚀及空间辐照、热导率高等优点，且密度更低，相比其他材料更能满足轻量化及高可靠性需求。

## 1.15 拒腐蚀的“塑料王”——聚四氟乙烯纤维

聚四氟乙烯，英文名称 Polytetrafluoroethylene（简称 PTFE，商品名称为 Teflon）。聚四氟乙烯大分子主链由 C–C 键构成，大分子两侧全为 C–F 键，碳原子链接的两个氟原子完全对称，碳原子和氟原子以共价键结合具有很高的键能，结构相当稳定。PTFE 具有优异的化学稳定性、耐高低温性能、不黏性、润滑性、电绝缘性、耐老化性、抗辐射性等优良的综合性能，被称为“塑料之王”。聚四氟乙烯是非常优良的塑料制品之一，可被加工成不同状的材料，在生产生活中被广泛应用，号称“百毒不侵”。

1938 年美国杜邦公司杰克森实验室化学家 Poy Plunkett 在研究四氟乙烯聚合反应时，发现在加压和氧气条件下四氟乙烯气体发生聚合反应，生成一种难燃难融的蜡状白色粉末，后证实其为聚四氟乙烯。1941 年 Poy Plunkett 通过专利首次将聚四氟乙烯公之于世。杜邦公司在 1945 年为聚四氟乙烯注册了商标 Teflon，中文称之为：特氟龙。目前国外氟树脂主要生产厂家有美国杜邦公司、英国 ICI 公司、日本肖旭子和大金公司等，它们的年生产能力为 3 000 吨至 2 万吨不等。国内氟树脂生产厂家集中在浙江、江苏、上海、辽宁 4 省市，这些省份占全国生产量的 80% 以上。主要生产厂家有浙江巨化集团、上海三爱富公司、江苏梅兰集团、山东东岳高分子材料有限公司、阜新化学总厂、晨光化工研究院二厂和济南三爱富氟化工有限公司。

目前 PTFE 树脂原料有三大品种，分别为悬浮树脂、分散树脂和浓缩分散液。其中 PTFE 悬浮树脂主要用于密封圈、垫片、化工泵、阀、管配件和设备衬里、电绝缘零件、薄膜等；PTFE 分散树脂和浓缩分散液主要用于耐腐蚀或耐高温高压电、电线电缆、化工管道衬里以及食品、纺织、造纸等领域中的防黏涂层及浸渍玻璃布、石棉等。聚四氟乙烯树脂也可用制备纺织纤维。

PTFE 纤维工业化始于 1954 年，其品种包括单丝、复丝、短纤以及膜裂纤维。PTFE 纤维我国的商品名为氟纶。国际标准组织（ISO）称其为萤石纤维（fluorofiber），这种纤维性能优良价格贵，目前主要应用于高性能产业用纺织品上。聚四氟乙烯纤维由于化学性质稳定，不能用溶液纺丝法进行生产，同时聚四氟乙烯分子刚性大，在熔点（327℃）以上也不流动，仅仅为凝胶状，黏度大（$10^{11}$~$10^{13}$ Pa·s）难以进行熔体纺丝，一般熔体纺丝黏度要小于 30 000 Pa·s。目前已开发的聚四氟乙烯纤维的生产工艺为载体纺丝、糊状挤压纺丝和膜裂纺丝。聚四氟乙烯无论是长丝还是短纤，都具有聚四氟乙烯树脂本身优异的物理化学特性。

凭借优异的物理化学性能，聚四氟乙烯目前主要应用的领域如下。

（1）防腐耐酸碱

聚四氟乙烯具有优异的耐化学性能，除熔融的碱金属外，几乎不受任何化学试剂腐蚀。例如在浓硫酸、硝酸、盐酸，甚至在王水中煮沸，其重量及性能均无变化，也几乎不溶于所有的溶剂，只在300℃以上稍溶于全烷烃（约0.1 g/100 g）。聚四氟乙烯不吸潮，对氧、紫外线均极稳定，所以具有优异的耐候性。可被用于工业防腐层、化学反应中的溶液搅拌器、管材中接头密封、溶液过滤等，如图1–61和图1–62所示。

（a）聚四氟乙烯内衬

（b）盐酸存储罐

（c）衬聚四氟乙烯反应釜

（d）衬四氟乙烯移动存储罐

图1–61　聚四氟乙烯防腐内衬

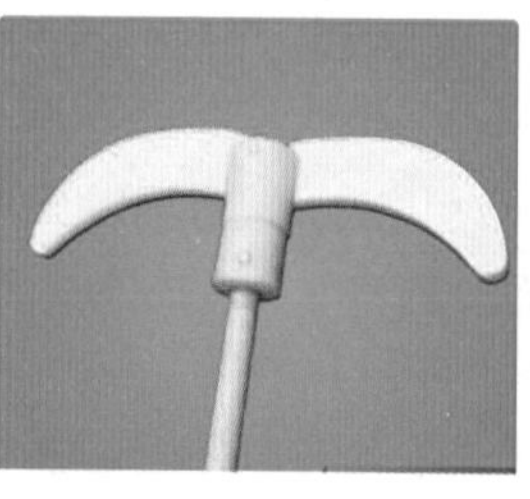

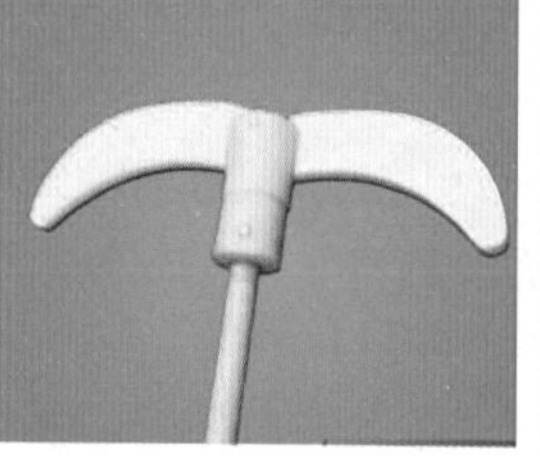

（a）聚四氟乙烯搅拌器

（b）聚四氟乙烯瓶

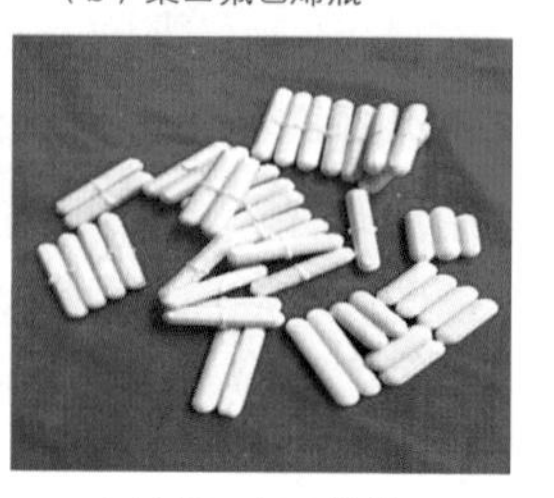

（c）聚四氟乙烯滤膜

（d）聚四氟乙烯转子

图1–62　常见聚四氟乙烯化学实验用品

（2）电气绝缘

聚四氟乙烯具有优异的电气绝缘性能，在较宽频率范围内的介电常数和介电损耗都很低，而且击穿电压、体积电阻率和耐电弧性都较高，是常用的优良电气绝缘部件，如图 1–63 所示。

（a）聚四氟乙烯绝缘垫片

（b）电缆

图 1–63　聚四氟乙烯绝缘材料

（3）润滑和耐高低温

聚四氟乙烯具有优良的力学性能，它的摩擦系数极小，仅为聚乙烯的 1/5。由于氟—碳链分子间作用力极低，所以聚四氟乙烯具有不黏性。聚四氟乙烯在 –196~260℃的较广温度范围内均保持优良的力学性能，聚四氟乙烯高分子的特点之一是在低温不变脆。因此聚乙烯乙烯可以作为金属锅具的不黏层，如图 1–64（a）所示，以及作为耐高温低温的材料，也可作为润滑材料来使用，如图 1–64（b）所示。

（a）聚四氟乙烯不黏锅

（b）聚四氟乙烯润滑脂

图 1–64　聚四氟乙烯用于锅具和润滑

（4）粉尘过滤、防水透湿及医疗卫生

聚四氟乙烯具有良好的拒水性，表面张力小，对水的浸润性很差，同时聚四氟乙烯在拉伸过程中可以形成微孔结构，具有优良的吸湿透气性，可加工成服装的内衬，使服装具有透气防雨的功能，常用于冲锋衣等功能性户外服装上。还可以将聚四氟乙烯原材料通过混合、压延、牵伸、膜裂将其加工成纺织用纱线，将纱线做成织物，作为基布用于高温烟气过滤除尘，如图 1-65 所示。也可通过膜裂法双向拉伸成具有微孔的薄膜直接成型做成卫生防护服等，如图 1-66 所示。

（a）聚四氟乙烯长丝

（b）聚四氟乙烯织物

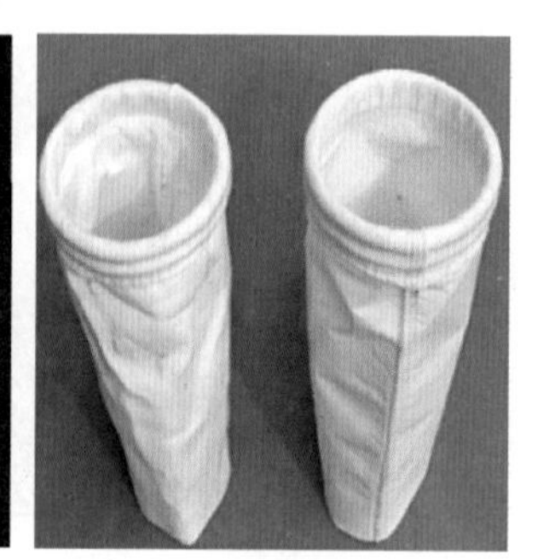
（c）聚四氟乙烯除尘滤袋

图 1-65　聚四氟乙烯在纱线、织物和除尘滤袋上的应用

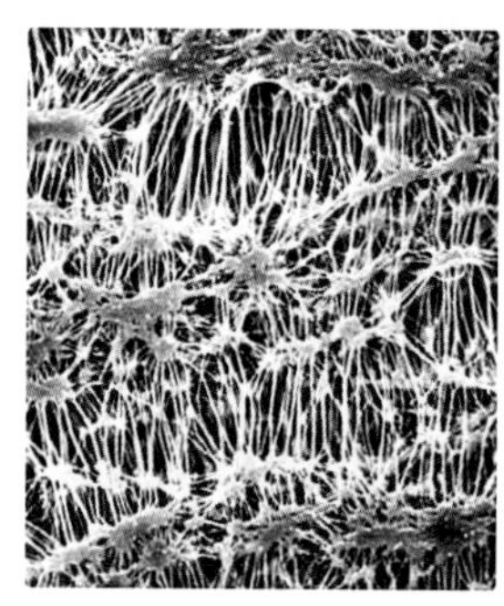
（a）聚四氟乙烯拉伸微孔膜

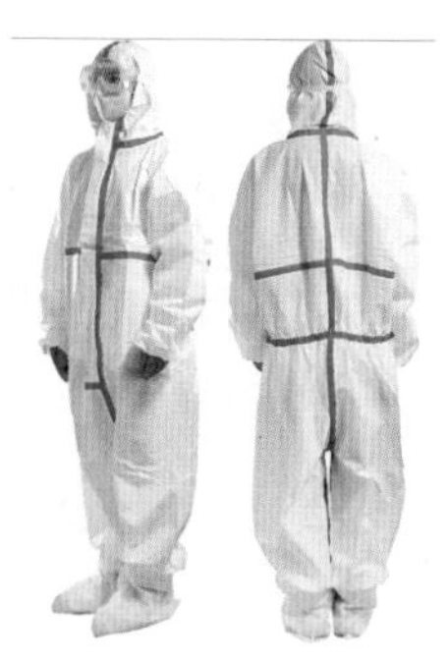
（b）聚四氟乙烯防护服

（c）防水透湿服装

图 1-66　聚四氟乙烯拉伸微孔膜在医用防护和透气阻隔服装中的应用

## 1.16　金丝软甲护身符——聚酰亚胺纤维

素有“黄金丝”之称的聚酰亚胺纤维（图 1-67），耐高温，高绝缘，可以用来制作消防服装、军用服装，甚至生化防护用服装，还可以制作防弹衣，“金丝软甲”便由此得名。聚酰亚胺纤维，英文名为 polyimide，简称 PI，是指主链上含有酰亚胺环（-CO-N-CO-）基团的芳杂环高分子聚合物，耐热等级最高，已成为当前高技术纤维的重要品种之一。其具有优越的耐高低温性、耐化学腐蚀性、高绝缘性、优良的机械性能、低介电常数、低介电损耗等综合性能。其耐高温达 400° C 以上，长期使用温度范围 200~300° C，部分无明显熔点。高绝缘性能，103 HZ 下介电常

数 4.0，介电损耗仅 0.004~0.007，属 F 至 H 级绝缘。具有很强的化学惰性，不溶于任何已知的有机溶剂且具有稳定的芳香杂环结构单元。

（a）聚酰亚胺纤维和纱线

（b）聚酰亚胺长丝

图 1-67　聚酰亚胺纤维

聚酰亚胺纤维于 20 世纪 60 年代中期开始研究，1965 年出现相关的最早报道，1968 年第一个聚酰亚胺纤维的专利由杜邦公司发表。到 20 世纪 70 年代，聚酰亚胺纤维由两步法湿纺纺丝制成。奥地利 LenzingA G 公司于 20 世纪 80 年代，推出 P84 纤维，是世界上最早的商业化聚酰亚胺纤维。1995 年，弹性模量高达 180 GPa 的聚酰亚胺纤维由干喷湿纺制得。

我国聚酰亚胺纤维的研究工作开始于 20 世纪 60~70 年代，由上海合成纤维研究所率先开展。目前，我国已经在产业化方面取得了较大进展。聚酰亚胺纤维一系列的研究在中国科学院长春应用化学研究所、东华大学、四川大学等单位不断开展。利用长春应用化学研究所的湿法纺丝技术，于 2010 年，高崎聚酰亚胺材料有限公司首先实现了耐热性聚酰亚胺纤维的规模化生产，产品商品名即为轶纶。采用东华大学的干法纺丝技术，连云港奥神新材料有限公司也实现了聚酰亚胺纤维的产业化，产品名称为甲纶。

随着纤维纺丝技术的进步，聚酰亚胺的合成技术不断提高，其具有较好的耐高温性、阻燃性能、过滤性能、耐腐蚀性能、高强度等优异综合性能。全芳香型聚酰亚胺最高热分解温度可达到 600℃左右，是迄今为止高聚物中热稳定性能最高的品种。而且聚酰亚胺可耐极低温，在 –269℃的液态氦中都不会脆化断裂。聚酰亚胺纤维为自熄性材料，发烟率低，部分品种的极限氧指数 LOI 高达 40.2%，具有极好的阻燃性能，且高温不产生熔融现象，仅发生表面碳化，并形成绝热保护层，具有良好的防护性。聚酰亚胺纤维过滤性能良好，由于纤维的不规则截面使得其有更大的比表面积，造成滤料有较大的孔隙率，能实现深层过滤要求。聚酰亚胺纤维耐酸腐蚀性好，但耐碱腐蚀性差。纤维强度和模量较高，强度可达 5~6 GPa，弹性模量可达 250~300 GPa。

凭借优异的性能，聚酰亚胺纤维目前主要应用的领域如下。

（1）过滤领域

聚酰亚胺纤维可以制作水泥生产等领域尾气处理袋式除尘器的滤料。随着国家对环保要求的日益提高，聚酰亚胺纤维作为特殊过滤环境使用温度最高的滤材，其市场需求正在以惊人的速度增长。如耐高温过滤袋式除尘器（图 1–68）。其制备的高效过滤器的过滤材料，可以滤除超细尘埃、细菌、病毒等，使用场合一般为飞机、不良空气的地区、建筑物的空气净化或内循环、超静厂房、涡轮发电厂房、战地坦克发动机等。

（2）特种防护领域

聚酰亚胺纤维可以制成各类特殊场合使用的防护服。如聚酰亚胺纤维消防服（图 1–69），不仅永久阻燃，而且隔温绝佳。具有耐高低温特性、阻燃性，不熔滴，离火自熄以及极佳的隔温性。穿着舒适，皮肤适应性好，而且尺寸稳定、安全性好、使用寿命长，和其他纤维相比，由于材料本身的导热系数低，也是绝佳的隔温材料。我国冶金行业每年需阻燃防护服 5 万套，其他行业如水电、核工业、地矿、石化、油田等年需 30 万套防护服。

图 1-68　耐高温过滤袋式除尘器

图 1-69　聚酰亚胺纤维消防服

（3）电池隔膜领域

性能优良的动力锂离子电池隔膜和超级电容器隔膜都可以用聚酰亚胺纳米纤维非织造布制成。其技术优势明显，如能大幅度提高锂离子电池整体性能，安全性好，充放电时间短，提高循环效能，使用寿命长等。通过长时间大电流充放电循环寿命试验证明，聚酰亚胺隔膜可有效改善锂离子电池倍率充放电特性，有效提高锂离子电池和超级电容器的安全性和循环寿命。其可解决新能源汽车动力电池目前存在的技术难题，新能源汽车这种战略性新兴产业也会得到快速发展。

（4）复合材料领域

聚酰亚胺纤维和聚酰亚胺纤维复合材料可用于制作航空航天器和火箭的轻质电缆护套、高温绝缘电器、发动机喷管隔热及耐高温特种编织电缆等材料。另外可作为基材制成蜂窝结构材料，用于飞机机翼和机舱门衬板，飞机及高铁顶棚、地板、隔墙等，还可用于新一代战斗机壳体、大口径展开式卫星天线张力索、空间飞行器囊体的增强材料等。

（5）纺织服装领域。

聚酰亚胺纤维还可应用于纺织服装领域，制成户外防寒服、保暖絮片、抓绒衣（图1–70）等，走进平常百姓家。聚酰亚胺纤维在纺织服装领域的应用，为纺织服装行业创造了一种全新的、高档的纤维材料，有着其他纤维材料不可比拟的优势，这也是其能快速占领市场的原因。目前我国在聚酰亚胺纤维原料生产技术和价格方面存在明显优势，国际市场前景看好。

图 1–70　聚酰亚胺纤维抓绒衣

## 1.17　“点石成金”的硬核材料——玄武岩纤维

玄武岩纤维（Basalt Fiber，缩写为“BF”）是以纯天然玄武岩石料为原料，如图 1–71（a）所示，破碎后加入熔窑中，在 1 450~1 500℃高温熔融后，通过铂铑合金拉丝漏板高速拉制而成的连续纤维，可加工成如图 1–71（b）所示的布料，纯天然玄武岩纤维的颜色一般为褐色，有金属光泽。现有工艺生产出的玄武岩纤维直径可达 6~13 μm，比头发丝还细。作为一种非晶态无机硅酸盐物质，玄武岩纤维的生产周期短、工艺简洁，其生产过程中无硼或其他碱金属氧化物排出，其烟尘中无有害物质析出，对大气不会造成污染，而且产品的寿命长，因此是一种低成本、高性能、附加值高、洁净程度理想的新型绿色环保材料。因其颜色为金褐色，所以生产玄武岩纤维的过程，被人们称为“点石成金”。玄武岩纤维技术在第二次世界大战期间美国、欧洲和苏联就大力研发，1959~1961 年间，首个连续玄武岩纤维（CBF）样品诞生于苏联的乌克兰科学研究院，1963 年在实验室装置上获得了较满意的样品，2006 年乌克兰玄武岩纤维与复合材料技术开发公司发明了崭新系列的 CBF 生产装置，2009 年奥地利某公司与维也纳技术大学合作新建 CBF 厂，从此 CBF 开始步入快速发展的轨道，目前国外研发和生产 BF 的单位有近 20 家。我国的 CBF 研制工作始于 20 世纪 90 年代，但真正产业化是在迈入 21 世纪之后，我国现有生产厂家约 15 家。

（a）玄武岩

（b）玄武岩纤维布料

图 1-71　玄武岩原料和制品

玄武岩是一种无机硅酸盐，它在火山和熔炉里经过千锤百炼，从坚硬的岩石变成柔软的纤维，主要成分包括二氧化硅、氧化铝、氧化钙、氧化镁、氧化铁和二氧化钛等氧化物，其材料具有多种优异性能和优良的加工性能，属于全新的材料。玄武岩纤维，耐高温，使用温度一般在 -260~880℃，远远高于芳纶纤维、无碱玻纤、石棉、岩棉、不锈钢，接近硅纤维、硅酸铝纤维和陶瓷纤维；热稳定性好，在 500℃温度下保持不变，在 900℃时原始重量仅损失 3%；化学稳定性好，其耐久性、耐候性、耐紫外线照射、耐水性、抗氧化等性能均可与天然玄武岩石头相媲美；弹性模量高于无碱玻纤、石棉、芳纶纤维、聚丙烯纤维和硅纤维，抗拉强度高于大丝束碳纤维、芳纶、PBI 纤维、钢纤维、硼纤维、氧化铝纤维；吸音系数为 0.9~0.99，高于无碱玻纤和硅纤维，吸音和隔音性能优异，具有优良的透波性和一定的吸波性，有良好的隐身性能；具有良好的电绝缘性和介电性能，比体积电阻较高为 $1\times10^{12}\ \Omega\cdot m$，大大高于无碱玻纤和硅纤维，介电损失角正切高 50%；与水泥、混凝土的分散性好，结合力强，热胀冷缩系数一致，耐候性好，吸湿性低于 0.1%，低于芳纶纤维、岩棉和石棉；热传导系数为 0.031~0.038 W/m·K，低于芳纶纤维、硅酸铝纤维、无碱玻纤、岩棉、硅纤维、碳纤维和不锈钢。

玄武岩纤维已在纤维增强复合材料、摩擦材料、造船材料、隔热材料、汽车行业、高温过滤织物以及防护领域等多个方面得到了广泛的应用。

（1）航空航天领域

玄武岩纤维热传导系数低，具有耐高温的特性，阻燃性能好，工作温度范围为 -269~700℃，既耐高温又耐低温。满足航空航天领域对材料的苛刻要求，俄罗斯的航空航天材料大部分就是用这种材料做的，如图 1-72 所示。

图 1-72　玄武岩纤维材料用于航天飞行器

（2）国防军工领域

在军工方面，玄武岩纤维同样可以“大展身手”，由于玄武岩纤维隔热、耐温、防火，其制备的复合材料可应用于耐温防热材料，应用于导弹、火箭、火炮的防热部件，如图 1–73 所示。当前防弹衣通常选用超高分子量聚乙烯纤维，其耐热性能低，在弹头的高温熔灼下强度和模量会降低，影响防弹效果，与之相比，玄武岩纤维耐高温性强，便不存在此问题，如图 1–74 所示。

图 1-73　用于坦克炮管的热护套图

图 1-74　防弹衣效果对照

（3）建筑工程领域

利用玄武岩纤维优异的耐腐蚀性，可与乙烯基或者环氧树脂通过拉挤、缠绕等工艺复合成型，制成新型的建筑材料，具有高强度、优异的耐酸性、耐腐蚀性，可代替部分钢筋用于土木工程中，而且玄武岩纤维的膨胀系数与混凝土相近，两者之间不会产生大的温度应力。如图 1–75 所示，黄线左右两侧分别是使用了玄武岩纤维土工格栅和未使用的沥青路面，通过检验结果表明，与普通改性沥青混凝土路面相比，使用了玄武岩纤维之后，路面寿命预估延长 6~8 年左右。同时，路面厚度降低，节约更多原料，真正实现节能降耗、绿色交通。

图 1-75　玄武岩纤维格栅沥青路面效果对照图

（4）汽车工业领域

由于玄武岩纤维的力学性能优异，因此可应用于制备汽车轻量化复合材料：与铝合金产品相比，玄武岩纤维复合材料新能源汽车电池壳体，可实现减重30%~50%，且耐腐蚀、隔热防火；玄武岩纤维复合材料汽车板簧产品在达到相同使用性能的同时，可较传统金属板簧减重50%~70%，疲劳寿命是金属板簧的5倍；玄武岩纤维摩擦系数稳定，可用在一些摩擦增强材料，如刹车片；由于吸音系数较高，可用在一些内饰件上，起到隔音降噪的效果。

## 1.18 有“意识”的智能材料——形状记忆纤维

形状记忆材料最早发现是在1951年，有学者应用光学显微镜在Au–47.5at%Cd合金材料中观察到形状记忆效应，只不过当时未以形状记忆命名，也未引起重视。直到1963年，美国海军机械研究室人员偶然间发现等原子的镍钛合金材料在室温（马氏形态）经形变（弯曲）再经加热后，自动恢复到原有形状，由于积累了有关相变经验，他们悟到了这类合金材料经逆相变，能自动回复原有形状，于是命名为形状记忆。自20世纪70年代以来，形状记忆材料作为一种新型功能材料开始发展，目前形状记忆高分子材料的研究和开发备受材料界学者和相关企业的关注，国内外的研究进展迅猛。

形状记忆聚合物（SMP）是一类新型的功能高分子材料，当外部条件（电、温度、光、酸碱度等）发生变化时，它可相应地改变形状并将其固定（变形态），如果外界环境以特定的方式和规律再次发生变化，它们便可逆地恢复至起始态，如图1–76所示。形状记忆纤维是一类具有形状记忆的聚合物，具有两相结构，如图1–77所示，分子结构由记忆初始形状的固定相，随温度变化能可逆地固化和软化可逆相组成。固定相一般为具有交联结构的无定型区，也可是熔点温度（Tm）或玻璃化温度（Tg）较高的一相在低温时形成的分子缠结。在Tg以下聚合物为玻璃态，链段的运动是冻结的，表现不出形状记忆效应，当温度升高到玻璃化温度以上时，链段解冻开始运动，受力时，链段很快伸展开，外力去除后，又可恢复原状。由链段所产生的这种高弹形变，是聚合物具有形状记忆效应的先决条件。

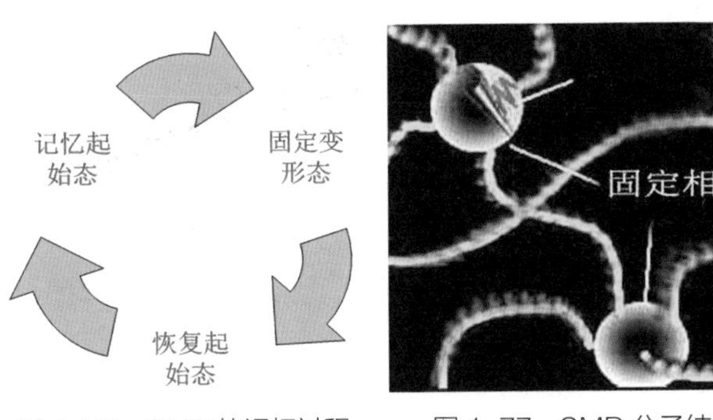


图 1-76　SMP 的记忆过程　　图 1-77　SMP 分子结构示意图

形状记忆纤维主要分为三类。第一类是利用 20 世纪 60 年代新兴的形状记忆合金、聚合物，直接制造或合成形状记忆纤维；第二类是使用整理剂整理出具有形状记忆功能的纤维；第三类是利用接枝、包埋等技术，把具有形状记忆的高分子材料接枝到纤维上，或者把具有形状记忆效应的材料包埋到纤维中，赋予纤维形状记忆特征。作为一类新型的功能材料，形状记忆高分子具有形变量大、赋形容易、形状恢复温度便于调整，对温度具有很强的热敏感性，有塑料的硬性、形状稳定恢复性，有传统的防皱、防缩功能，具有良好的形状记忆效应、良好的抗震性和适应性、高的恢复形变，而且容易加工成薄膜、线、颗粒或纤维等。

形状记忆纤维作为新出现的高科技智能材料，在服装、建筑、医学、军事等方面都有很大的应用潜力。

（1）纺织服装领域

形状记忆聚合物高分子纤维因具有良好的形状记忆特性，被广泛应用于湿度感应织物、抗皱织物、防水透气织物、调温织物等的制备。如图 1-78 所示，是未经 SMP 处理的传统织物与经过 SMP 处理的织物的对比图。未经过 SMP 处理的织物在 5 次水洗烘干后已经严重毡缩，已看不出原来的纹路，而经过 SMP 处理后的织物在 25 次的水洗烘干后依旧保持纤维纹理清晰，说明 SMP 织物具有良好的抗皱定型性能。

（2）医疗卫生领域

SMP 在临床医学领域和植入医疗设备领域中有着巨大的应用前景，例如利用可降解的 SMP 制备医用手术缝合线，如图 1-79 所示，预拉伸后的缝合线用以缝合伤口，在人体可承受的温度下进行加热逐步收缩恢复，伤口被闭合，实现对手术创口的缝合。

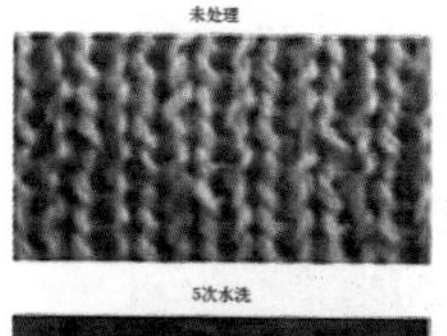

图 1-78　未经 SMP 处理和经过 SMP 处理的羊毛织物纹理

图 1-79　形状记忆高分子外科手术缝合线

（3）航空航天领域

目前航天技术已成为各大强国的研究重点，其中轻质高强的聚合物及其复合材料在飞行器及航天特种器件制作方面的应用，已成为各国航空技术竞争的焦点，SMP 以其轻质、大变形和高恢复率的特性，在现代航天航空领域具有巨大的应用前景。

（4）工业领域

基于聚合物的热驱动形状记忆效应可以指示其所经历的温度是否超过限定值及超过多少，达到温度指示的作用。其主要的制备机理是通过特定的预变形操作，使 SMP 表面的图案可以在预先设定的温度下发生形状恢复而消失（或者出现），从而对所限定的温度进行指示，且指示结果不可逆。这种 SMP 温度指示标签无须复杂的电路或者机械结构装置、易于实现、大小可调、成本低廉。

# 第2章 纺织绿色生产

## 2.1 21世纪的绿色纤维——溶解性纤维生产技术

溶解性纤维又称Lyocell纤维，其中Lyo由希腊文Lyein而来，意为溶解，cell则是取自纤维素Cellulose。该纤维是再生纤维素纤维中的一种，将木材中的纤维素溶解到N–甲基吗啉–N–氧化物（NMMO）中，通过湿法纺丝制备而成，整个加工过程不涉及化学反应。另外，与黏胶纤维一样，Lyocell纤维废弃物可自然降解，其生产过程中使用的溶剂99.5%可回收再用，不会污染环境，因此Lyocell纤维被誉为21世纪的绿色纤维。

（1）Lyocell纤维的性能

作为再生纤维素纤维中的一种，Lyocell纤维具有良好的吸湿性、染色性能、生物可降解性和常温下耐酸稳定性；Lyocell纤维具有良好的力学性能，是再生纤维素纤维中强度最高的，干强与涤纶接近，而且湿强约为干强的85%，断裂伸长较低。另外，Lyocell纤维还具有较高的初始模量和湿模量，在小负荷或者中等负荷下产生的变形不大，具有较高的尺寸稳定性和较好的耐折皱性能。采用该纤维生产的织物柔软且富有光泽，悬垂性、透气性和穿着舒适性好。

原纤化是Lyocell纤维的一个独特的性能，即在湿态下经机械摩擦作用，会沿纤维轴向分裂出更细小的原纤，在纤维表面产生毛羽，通过原纤化可以获得不同风格和手感的织物。但由于微原纤非常细，几乎是透明的，容易出现泛白现象，如果纤维原纤化过度，会导致织物起球。另外，Lyocell纤维可通过不同的后整理加工，控制原纤化的生成使织物获得桃皮绒的效果。

（2）Lyocell纤维的生产过程

Lyocell纤维以可再生的竹、木等捣碎后形成的浆粕为原料，以一种无毒、无腐蚀性的有机溶剂 NMMO( N- 甲基吗啉 -N- 氧化物，又称氧化胺）为溶剂纺丝获得。该生产过程（如图 2-1 所示）为纯物理过程，不涉及任何化学反应。该技术利用“NMMO/ 水溶液可以溶解纤维素”的特性，将浆粕直接溶解在其中，获得一定黏度的纺丝溶液，然后再经过干湿法纺丝，最终得到纤维素纤维。生产中涉及的溶剂经回收利用，可循环使用，所以该过程节能环保，目前溶剂回收率可达 99.7%。

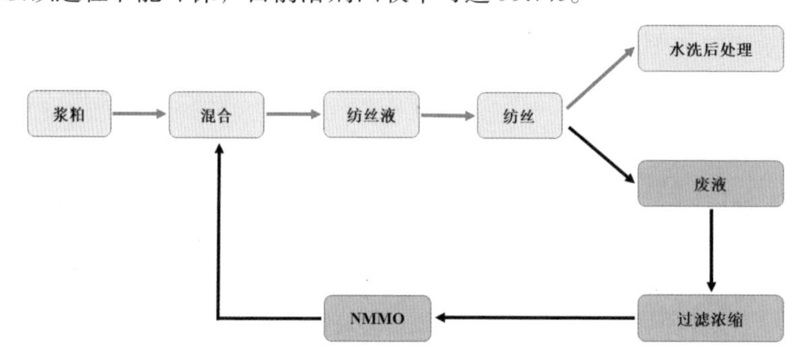


图 2-1　Lyocell 纤维生产流程图

（3）Lyocell 纤维的生产现状

1980 年首先由德国 Akzo-Nobel 公司获得了 Lyocell 纤维的生产工艺和产品专利，目前全世界生产能力约为 12 万吨，主要分布在美国、英国、奥地利、德国、印度、韩国以及我国台湾地区。

近年来，在国家和企业的共同努力下，我国 Lyocell 纤维生产技术发展迅速。在政府方面，国家将生物基材料重点领域突破纳入了“中国制造 2025”，国家工信部在十三五规划中提出突破 Lyocell 纤维关键装备制造的技术瓶颈等规划。但我国在 Lyocell 纤维产业化方面还有很长一段路要走，主要体现在核心生产设备尚未完全国产化，投资成本高，原材料依靠进口等。

从企业层面看，河北保定天鹅新型纤维制造有限公司于 2008 年起开始 Lyocell 纤维的研发工作，于 2014 年正式建成国内首条 1.5 万吨级 Lyocell 纤维生产线，2016 年通过中国纺织工业联合会科技成果鉴定，整体技术居国际先进水平，新工厂总产能将逐渐扩大到 6 万吨 / 年。山东英利实业公司通过引进国外技术于 2015 年完成 Lyocell 纤维工厂建设并实现工业化生产，目前已着手启动二期项目的筹建工作。中国纺织科学研究院通过前期研究，于 2012 年与新乡化纤股份有限公司共同完成千吨级 Lyocell 纤维生产线建设，2015 年与新乡化纤股份有限公司、甘肃蓝科石化高新装备股份有限公司共同投资设立“中纺新乡绿色纤维科技股份有限公司”，一期1.5万吨/年生产线于2016年底投产，2018年底一期工程补全，形成3万吨/年生产能力，并启动新乡二期及绍兴项目的筹建工作，规划总产能达50万吨/年。

在市场方面，以Lyocell纤维为主导的纱线产品因其功能性、舒适性强，已经被国内消费者所接受，销量也在逐年增加。Lyocell纤维已经成了纺织品行业的重要发展方向。目前，Lyocell纤维的市场主要集中在中高端纺织品消费群体。随着Lyocell纤维的国产化，生产技术的更新换代，搭建起Lyocell纤维产业生态链，促进行业可持续发展，相信可以在今后引领一场全民绿色制造和绿色消费浪潮。

（4）Lyocell纤维的应用

Lyocell纤维集天然纤维与合成纤维的优异性能于一身，纤维长度可控、粗细不一，截面主要有圆形和异形两种，能开发出多种新颖独特的产品，在服用、装饰及工业三大领域都有着广泛的应用。

服装领域：纯Lyocell织物有珍珠般的光泽，若水般的流动感，摸起来爽滑柔软，并有良好的悬垂性，制得的裙子、套装休闲服等飘逸感十足、透气感良好，受到很多年轻人的青睐。不仅如此，Lyocell纤维还适宜与棉、麻、羊绒、羊毛、蚕丝、黏胶、涤纶、锦纶等其他纤维混纺，产品也是多种多样，例如：机织物、针织物、仿绸类等。

家纺产品：通过控制原纤化的生成，还可赋予织物桃皮绒、砂洗、天鹅绒等多种表面效果，形成全新的美感，制成光学可变性的新潮产品。在装饰领域，因具有强度高和耐磨性好等优点，被广泛应用于窗帘、地毯等方面。

产业领域：Lyocell纤维因其具有强度高，尺寸稳定性和热稳定性等特点，可采用针刺法、水刺法、湿铺、干铺和热黏法等工艺制成各种性能的非织造布，性能优于黏胶纤维产品。欧洲公司对Lyocell纤维在缝纫线、工作服、防护服、尿布、医用服装等方面的应用进行了研究，日本开发其在特种纸方面的用途。

## 2.2 无须“美容”的纤维——原液着色纤维生产技术

原液着色是指在纤维纺丝液中直接加入着色剂，经喷丝孔得到有色纤维的生产技术，该技术也被称为无染纤维或纺前染色纤维。显然，原液着色技术实现了纺染一体化加工生产，省去了染色工序，避免因染色而产生的大量废水，节能减排的优势显著，是纤维着色技术发展的主要方向之一。另外，原液着色纤维颜色均匀，牢度好，生产周期短，成本低，尤其适合分子排列紧密，纤维内间隙小的难染纤维，如涤纶、丙纶等。原液着色所用的着色剂是颜料和染料。目前，原液着色纤维生产量目前占化纤生产总量的 10% 左右，其中原液着色聚酯纤维产量占到原液着色纤维总产量的 90%。

（1）原液着色剂的形态

色母粒（如图 2-2 所示）是由颜料、染料、添加剂和热塑性树脂经分散而成的颗粒状物质。色母粒的加工过程对环境污染小，易于配料计量。但是色母粒的生产过程中选用的树脂需要对着色剂有良好的润湿和分散作用，要求与被着色材料有良好的相容性。色母粒在应用时需要提前干燥，使用时添加量较大，且释放颜色慢，易发生与熔体混合不匀造成色差。色母粒目前主要应用领域为合成纤维着色、塑料制品、工业管材等方面。

图 2-2　色母粒

色砂是一种固体色料浓缩微粒，应用过程中无粉尘污染，更换颜色清洁轻松，且释放颜色快，颜料分散程度高，添加量低，适用于高速挤出机的大批量生产。目前，色砂的应用还不广泛，用于涤纶原液着色时，需要对设备进行改造。色砂在使用时添加量较小，多为 0.1%~6%，主要应用领域为塑料、包装、管材制品等，偶有纤维着色使用色砂。

色油是一种使用液态物质将颜料、染料均匀分散得到的液态着色剂。色油与色砂的使用效果相似，使用过程中分散剂熔点低，添加时因温度原因会产生烟雾，目前在原液着色应用上还不成熟。色油在使用时添加量较小，多为 0.1%~6%。主要应用领域为塑料、包装、管材制品，尚未应用于纤维着色。

（2）原液着色剂的注入方式

原液着色纤维制备过程中着色剂的注入精度要求高，且需要配备专用的混和设备。注入方式主要有两种：一是在纺丝溶液中加入着色剂，经过充分的混合、溶解和过滤后，纺制成有色纤维。这种方法因纺丝管线长，着色剂对设备沾色，换色时需要充分清洗，通常用于大规模、单品种的生产。二是在纺丝原液进入喷丝头之前定量注入着色剂或有色原液，经混和器混合后，纺制成有色纤维。这种方法换色方便，不玷污主要设备，着色剂利用率高，适合小规模、多品种的生产。

（3）原液着色纤维

黏胶纤维是当前原液着色常见的纤维品种之一，可满足不同市场需求，在服装领域，原液着色黏胶纤维色泽持久耐用，多种颜色的原液着色黏胶纤维混纺色彩丰富，富有立体层次感，制成服装后其颜色含蓄、自然，具有较强的朦胧感；在无纺布领域，原液着色黏胶纤维可用作无纺布原料，可降低加工成本，减少无纺布染色处理工艺和生产企业染色造成的环境污染；在家用纺织品领域，由于原液着色黏胶纤维具有良好的色牢度，可满足不同家用纺织品的要求。

原液着色涤纶是原液着色纤维中最大的纤维品种，其总量占整个原液着色纤维的90%左右，而且其品种丰富，包含了绣花及缝纫线系列、FDY系列、DTY系列等。应用领域广泛，如中高档服装、汽车安全带、箱包布等领域。

原液着色腈纶色泽均匀、日晒牢度高，具有卓越的耐用性，在阳光下反复曝晒后，其颜色仍能保持良好，故在户外产品方面具有广阔的应用前景，如遮阳布篷、野营帐篷、车篷、艇帆、淋浴遮棚布、躺椅布、遮阳伞、花园家具布及旗帜等。一般采用原液着色腈纶生产的船舶装饰织物、遮阳伞、户外家具织物和艇罩等的使用寿命可以达到5~10年。

总之，原液着色纤维尽管总体上处于产业快速发展期，但也面临一些迫切需要解决的问题，如颜色单一，配色过程和生产过渡料比重过高，纤维开发与着色剂开发脱节，配套产业如载体、分散剂、专用树脂、纺丝油剂等相对滞后，另一方面，原液着色纤维色光偏暗，牢度差和存在粉化现象，没有统一的标准，且不同批次配色的一致性偏低，导致能形成稳定和批量销售的只有少数几个主导色，其中，黑色丝产量超过70%，虽然纤维制造企业有上千种的色卡，但绝大多数色彩品种供应周期长，市场响应慢，产品色系不全，无法满足市场要求。未来，纤维原液着色技术将继续从提升技术水平、完善标准与技术规范体系、加强产业链协同创新等方向发力，进一步提升纤维原液着色技术水平。

## 2.3 棉织物的温和“美白”——低温漂白技术

棉纤维吸水性好、穿着舒适、易染色，是最受消费者喜欢的纺织纤维之一，其市场份额占全球纤维消费总量的40%。棉纤维的基本成分是纤维素纤维，未经处理的纤维素纤维含有果胶、蜡质、色素、棉籽壳、含氮物质等天然杂质，织成的织物布面发黄、手感粗糙，染色性能差。为了提升棉织物品质，棉织物经常在浓碱溶液中进行高温处理，这样纤维上一些天然的杂质就会明显减少，织物的吸水性能显著提高，但由于棉纤维上还有色素存在，导致其外观和性能不能满足服用或后续染色等的要求。漂白就是为了破坏色素，赋予织物稳定的白度，如图2-3所示就是经漂白处理后棉织物外观的变化。

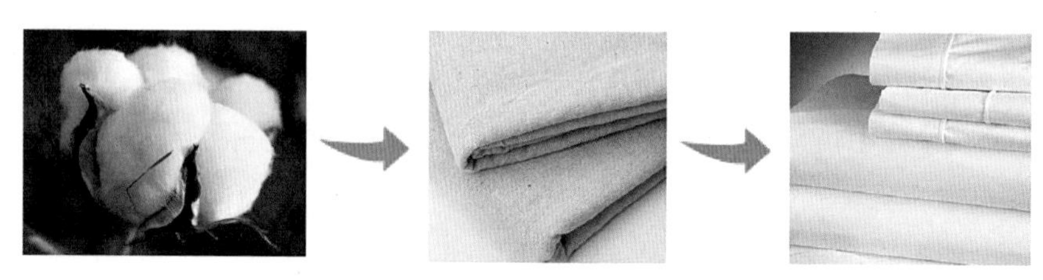

图2-3 棉织物漂白处理后外观的变化

棉织物漂白常用漂白剂为具有氧化性的物质，如次氯酸钠、亚氯酸钠、过氧化氢等。次氯酸钠漂白废液中含有效氯，易产生不可生物降解可吸附有机氯化物（AOX），不符合生态环保需求，限制了该物质在生产中的应用；亚氯酸钠漂白的白度好，但在漂白过程中会释放有毒且腐蚀性强的二氧化氯气体，目前已禁止使用；过氧化氢作为重要的无氯漂白剂，处理后织物白度高、稳定性好、不泛黄，适用于各种纤维，而且可以采用多种加工工艺，最终分解产物为水和氧气，对环境污染小，是当前广泛使用的漂白物质。传统过氧化氢漂白在98℃高温和强碱条件下才能获得较佳漂白效果，其原因是氢氧化钠可催化过氧化氢分解，从而提升棉织物漂白效果，提高织物的白度与吸水性。但传统漂白工艺存在废水碱性强、能源消耗大、纤维损伤重等缺陷。

为解决传统漂白工艺存在的问题，人们提出了棉织物的低温漂白技术，当前，棉织物低温漂白主要有冷轧堆漂白、过氧化氢活化低温漂白、过氧化氢催化低温漂白三种。

（1）冷轧堆漂白工艺

冷轧堆漂白工艺流程如图2-4所示。

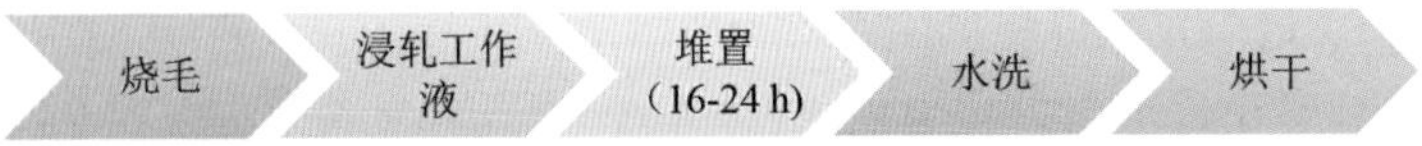

烧毛 → 浸轧工作液 → 堆置（16-24 h） → 水洗 → 烘干

图 2-4　冷轧堆工艺流程

冷轧堆漂白工艺是当前工厂常用的棉织物低温漂白工艺，即先将棉织物浸轧在由过氧化氢、氢氧化钠、过氧化氢稳定剂、精练剂等物质组成的工作液，然后打卷堆置，在室温下经过较长时间反应使织物上色素去除，从而实现棉织物的漂白。过氧化氢在碱性条件下可生成氧化性更强的过氧氢根离子（$HOO^-$），破坏色素的发色体系；氢氧化钠一方面为过氧化氢漂白提供碱性环境，另一方面也有利于去除织物上未除尽的杂质；过氧化氢稳定剂可抑制过氧化氢过快分解，减少对织物的损伤。

棉织物冷轧堆漂白的主要优点是：工艺路线短、设备简单、操作方便、能耗低、适合小批量多品种需求、去杂净、白度好、布面平整、产品质量稳定等。

缺点是：由于浸轧量、堆置时间、堆置温度以及水洗条件的波动均会影响漂白的效果，产品的稳定性有待提高，工作液中的高氢氧化钠浓度导致棉织物强力损伤较大。

（2）过氧化氢活化低温漂白

酰胺基类化合物、烷酰氧基类化合物、胍类衍生物等低温漂白活化剂是实现过氧化氢活化低温漂白的关键物质，反应时，漂白活化剂与过氧化氢电离出的过氧氢根离子发生亲核反应，生成比过氧化氢氧化能力更强的过氧酸，从而增强过氧化氢的漂白活性，使其具有低温漂白能力。

商业化的过氧化氢漂白活化剂主要是四乙酰基乙二胺（TAED）和壬酰基苯磺酸钠（NOBS），它们共同的优点是在提高织物白度的同时，减少对纤维的损伤，漂白温度可由 98℃降低至 50~70℃，能耗低且废水处理负担小。TAED 为非离子型漂白活化剂，它可在 70℃近中性条件下漂白棉织物，但 TAED 溶解度低；NOBS 是阴离子漂白活化剂，可在 70℃近中性条件下漂白棉织物，但 NOBS 漂白体系产生的副产物具有潜在爆炸性。N-［4-（三乙基铵甲撑）苯酰基］己内酰胺氯化物（TBCC）为阳离子型漂白活化剂，由于其结构中阳离子基团的存在，使其更易于与过氧化氢电离出的 $HOO^-$发生反应，生成比过氧化氢氧化能力更强的过氧酸，可实现在 50℃中性条件下漂白棉织物；胍类衍生物也为阳离子型活化剂，可在 60℃近中性与过氧化氢解离出的 $HOO^-$反应，生成氧化性很强的过氧酸，进而提高低温条件下的漂白效果。

（3）过氧化氢催化低温漂白

在过氧化氢漂白过程中加入高效催化剂，可显著降低反应活化能，不仅可以获得很好的漂白效果，也可以有效降低漂白温度和 pH 值。酶是一种生物催化剂，具有高效、专一和温和性。天然酶易失活，于是人们开发了仿酶类金属配合物催化剂，如金属卟啉配合物、金属酞菁配合物、希夫碱金属配合物、大环多胺金属配合物等。

总之，棉织物低温漂白技术具有明显的优势，不仅适合于棉织物，也适合于与棉混纺织物的漂白，而且该漂白技术符合当今社会对节能减排的要求，也是未来纺织品漂白工艺的发展趋势。

## 2.4 纺织品的温柔 SPA——生物酶前处理技术

酶是一种生物催化剂，具有催化效率高、作用条件温和、专一性强等特点。酶在纺织品前处理加工中的应用具有悠久的历史，特别是近年来随着生物工程技术的发展、纺织绿色加工要求以及消费者对纺织品更高品质的追求，纺织品的酶加工技术已经涉及几乎所有的纺织湿加工领域。

（1）棉织物的酶退浆技术

为了提高经纱的断裂强度，减少织造过程中纤的维磨损，经纱在织造前需要进行上浆处理。目前，浆料主要是淀粉或变性淀粉、聚乙烯醇（PVA）、聚丙烯酸类等聚合物。织造完成后，织物上的浆料给后续染色加工带来了困难，因此，棉及棉型织物在染整加工退浆是第一道湿处理工序。

采用化学品退浆是当前企业普遍采用的方式，根据退浆化学品的不同，主要有：

① 碱退浆：用氢氧化钠在高温下退浆，该法对大部分天然和合成浆料都适应，缺点是退浆率较低，约 50%~70%。在氢氧化钠作用下，纤维容易氧化，纤维强力下降显著，织物损伤，能耗大，废水 COD 值高且不易处理，环境污染严重。

② 酸退浆：主要以硫酸为退浆剂，适用于淀粉类浆料，缺点是硫酸腐蚀性很强，对运输、贮藏要求高，废水也不易处理，退浆时硫酸会和棉纤维发生反应使纤维水解，造成纤维损伤。

③ 氧化剂退浆：主要以过氧化氢和过硫酸盐为退浆剂，适用于任何

浆料退浆，多在碱性条件下进行，退浆率可达到90%~98%，但退浆的同时，纤维素也会被氧化，因此需要严格控制工艺条件以避免纤维损伤。

酶退浆被公认为是一种符合环保要求的印染加工方法，是一种很有发展前景的“绿色工艺”。该技术利用酶的高效、专一性的特点，可针对性地催化分解特定浆料。如PVA降解酶只能降解PVA浆料，淀粉酶只能对淀粉或变性淀粉浆料进行退浆，酶通过催化淀粉大分子链发生水解，生成分子量小、黏度低、溶解度高的一些低分子化合物后经水洗去除浆料。酶退浆具有条件温和，反应时间短，退浆率高（90%以上）等优点；由于其高度专一的特性，不损伤纤维、不影响织物颜色；退浆后织物手感柔软、丰满，光洁度好，适宜于连续生产。

（2）棉织物的酶精练技术

棉织物退浆后，绝大部分浆料被去除，但纤维上仍存在与其共生的果胶质、蜡质、含氮物质等天然杂质（如表2-1所示），其杂质在棉纤维上的分布如图2-5所示。这些杂质使棉织物布面较黄、润湿性差，不利于染料、助剂等的吸附和扩散，严重影响染色、印花和整理等后续加工。因此，棉及棉型织物退浆后，还要进行以去除天然杂质为目的的精练。

表2-1　棉纤维的主要成分

| 组　成 | 纤维整体 / % |
|---|---|
| 纤维素 | 94.0 |
| 果胶质 | 0.9 |
| 蜡质 | 0.6 |
| 灰分 | 1.2 |
| 有机酸与多糖类 | 1.1 |
| 含氮物质（以蛋白质计） | 1.3 |
| 其他 | 0.9 |

传统精练技术通常是用碱液在高温下处理棉织物，达到除杂的目的。但存在以下几个缺点：

①对棉纤维强力有影响，若工艺控制不当，纤维易形成氧化纤维素，导致纤维强力损伤；

②对棉纤维表面的蜡质去除较干净，织物手感变差；

③碱精练过程用的是强碱，能耗和水用量均较大，处理废液COD值也较高，对环境产生极大负担。碱精练已成为印染行业最大的污染源。

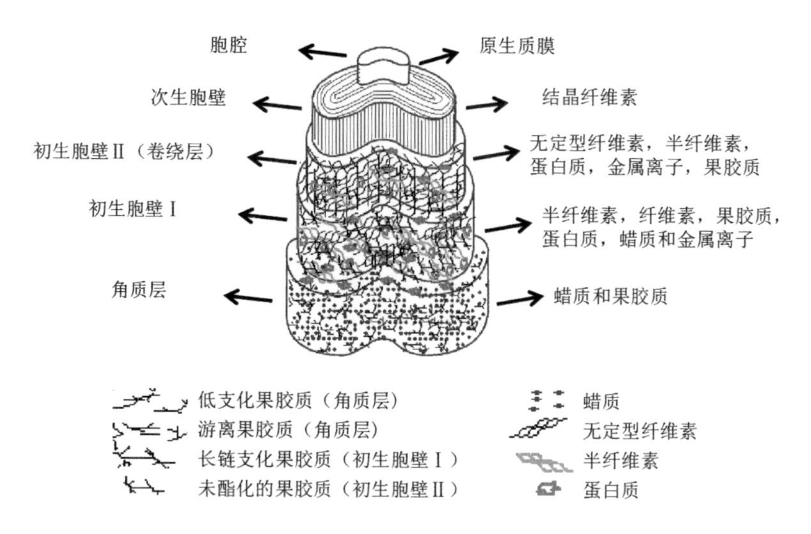


图 2-5　棉纤维形态结构示意图

随着人们环保意识的提高，生物酶精练近年来已发展成为一种高效、环保的绿色加工工艺，染整工业清洁生产的重要发展方向。生物酶精练不仅可使棉织物获得与传统碱处理相当的优良效果，而且还具有以下优点：

①处理工艺条件温和，作业环境安全，耗水量低（仅为传统碱精炼的 35%~50%），废水 COD 显著降低，大幅度减少了环境污染。

②酶精练织物强力和失重下降均小于碱精练，纤维损伤较小；织物手感柔软、丰满，布面亮泽、纹理清晰；染色布面均匀性与得色量提高，染色性能得到改善；

③水洗环节少，在一定条件下可与酶退浆、染色或抛光工序同浴进行，缩短工艺时间，提高生产效率。酶精练废水易于处理，可大幅减轻企业废水处理压力，降低废水治理费用。

棉织物精练用酶主要有果胶酶、纤维素酶、角质酶、脂肪酶和蛋白酶等。果胶酶可通过角质层的裂纹或微孔渗透进角质层，与果胶接触并将其催化水解，改善纤维润湿性。纤维素酶能穿过角质层，到达初生胞壁，使纤维素部分水解并使纤维的外层结构松动，在机械外力作用下被去除，蜡质、果胶等杂质也会随之部分去除。蛋白酶可催化棉纤维中蛋白质分子的肽键水解成肽和氨基酸，提高织物的润湿性能。脂肪酶能将脂肪水解成甘油和脂肪酸。角质酶能水解大分子聚酯、不溶性的甘油三酯和小分子可溶性酯类物质，提高精练后织物的润湿性能。酶精练一般是多种酶组合使用，通过协同作用提高精练效果。

（3）纺织品酶漂白技术

传统漂白方法主要有次氯酸钠漂白、过氧化氢漂白和亚氯酸钠漂白等。其中，过氧化氢漂白是常用的漂白方法，但会造成织物强力损失，氧漂后织物上残留的过氧化氢在染色时，会导致染料和纤维不能有效键合，易产生色差、色花，甚至色光改变等瑕疵。酶漂白技术主要有葡萄糖氧化酶漂白和氧漂后使用过氧化氢酶去除残余过氧化氢。

葡萄糖氧化酶漂白是利用葡萄糖氧化酶催化氧化葡萄糖，生成的过氧化氢对织物进行漂白，在漂白时无须加入过氧化氢稳定剂，其对漂白织物的强力损失小于传统氧漂，可以在低温和中性条件下温和漂白，而且所需的葡萄糖可由淀粉浆料酶退浆时的分解产物所得，无须另外加入。

氧漂后去除织物上残留的过氧化氢有水洗法、还原剂化学处理法和过氧化氢酶净化法。传统工艺与过氧化氢酶法工艺去除残留过氧化氢的工艺流程和优、缺点比较如图 2-6 所示。传统的水洗法耗水量大，花费时间长；还原剂化学处理法的还原剂用量难以控制，过量会导致后续染色织物色相变化。

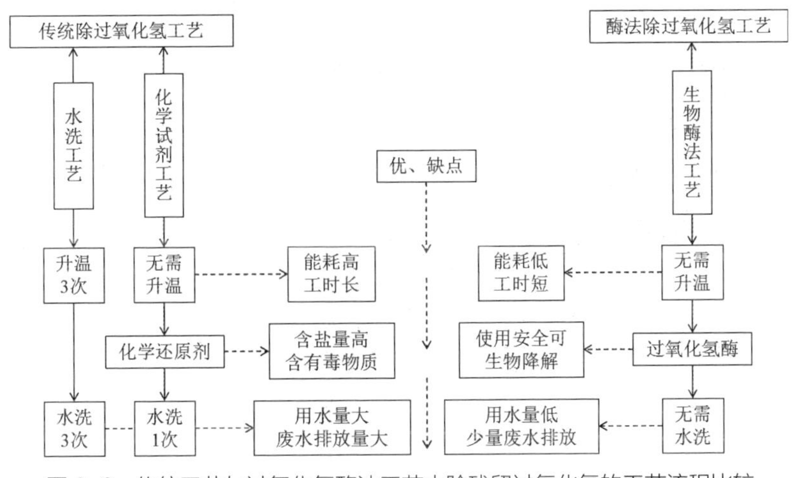

图 2-6　传统工艺与过氧化氢酶法工艺去除残留过氧化氢的工艺流程比较

而过氧化氢酶净化工艺在氧漂后无须水洗便可直接染色，可以节省大量漂洗用水。除此之外，使用过氧化氢酶可以快速将过氧化氢分解为水和氧气，不仅短时高效，而且产物无环境危害，对染料也没有影响，完全避免了其对后续染色的影响。更重要的是，生物净化工艺综合成本低，可节省传统工艺一半的费用。该技术目前已应用于间歇法氧漂中去除残留过氧化氢，在连续法氧漂中由于酶分解过氧化氢需要一定时间，还没有推广。

总之，目前在纺织印染行业，酶除了应用于传统的淀粉浆料的退浆、纺织品的精练漂白和麻纤维及蚕丝的脱胶外，还大量应用于纺织品后整理，对纺织品的染色和纤维材料表面功能改性等方面也在研究和开发中。

## 2.5 无“调味剂”染色——无盐染色技术

纺织品印染加工是耗水大户，据统计，每印染加工 1 吨纺织品耗水在 100~200 吨，且其中 80%~90% 的水成为废水。染色废水是印染废水的重要源头之一（如图 2–7 所示）。目前印染废水中有机化合物（如染料、表面活性剂等）分离与处理已取得一定成果，但对因染色过程加入的高浓度无机盐（如氯化钠、元明粉等）去除仍然没有很好的解决方法，导致部分高含盐量的印染废水直接排放而改变了江湖的水质，导致江湖周围土质盐碱化（如图 2–8 所示），降低农作物的产量且破坏了生态环境。

图 2–7 印染废水

图 2–8 土质盐碱化

活性染料作为目前纤维素纤维染色用的主要染料，染色时它们以染料阴离子形式存在于染浴中，与阴离子性的纤维素间存在较强的库仑斥力作用。为提高活性染料上染率，染色时往往需加入 30~150 g/L 氯化钠或元明粉，以起到抑制棉纤维表面负电荷聚集、促进染料在纤维表面吸附和向纤维内部扩散的作用。大量无机盐的使用，不仅增加了生产成本，而且背离“绿色清洁生产和低碳循环经济”的十三五规划愿景。因此，亟待开发可行的低盐和无盐染色技术。

（1）活性染料改性

通过分子结构设计，提高染料的直接性，降低染料与纤维的电荷斥力，提高活性基团的反应活性，从而降低无机盐和碱的用量。如日本住友公司的 Sumifix Supra 系列染料，亨斯曼公司的 Novacron LS 系列，汽巴公司利用不同活性基组合的 Cibacron LS 系列，科莱恩公司推出的 Drimarene HF 系列活性染料。也可在染料分子中引入一定数量的阳离子基团，如阳离子活性染料，使染料与纤维间产生静电引力作用。该类染料可在无盐条件下染棉，上染百分率和固色率都很高，染色水洗牢度也很好。

（2）纤维素纤维改性

采用含有阳离子基团的化合物对纤维素纤维改性，在纤维素纤维表面引入阳离子基团，使纤维与阴离子的活性染料产生静电吸引，可实现纤维素纤维及纺织品的无盐染色。如研究者采用 Gemini 型双烷基双季铵盐表面活性剂对棉织物进行阳离子改性，经改性后纤维染色中盐的用量大幅下降；也有研究者采用 3- 甲丙烯胺丙基三甲基胺氯化物对棉织物进行阳离子预处理后进行染色，结果表明活性染料染色的上染率、表面得色和色牢度远远高于传统染色。另外，当棉织物经聚环氧氯丙烷—二甲胺改性后，无盐无碱染色条件下能使活性染料固色率达到 90% 以上。此外，纤维素表面引入脂肪族氨基化合物也能够实现在低盐条件下，提高活性染料的固色率；采用具有特殊的三维结构和表面富含氨基和亚胺基的端氨基超支化合物对棉织物进行预处理，改变纤维染色过程中的表面电荷分布，有利于带负电荷的染料上染，可降低染色过程中无机盐的用量，实现无盐染色。

（3）多功能“代用盐”助剂

多功能“代用盐”的开发和使用是实现纯棉织物活性染料无盐染色的另一重要途径。在活性染料染色过程中加入“代用盐”助剂，不仅能够促进染料的上染，有的还有固色作用，能够改善染色纺织品的色牢度。EDTA 四钠盐（又名乙二胺四乙酸四钠盐），为强碱弱酸的有机盐，作为活性染料的促染剂和固色剂，在应用时由于其碱性高，导致染料易发生水解，造成染料上染率降低，另外，EDTA 四钠盐价格昂贵，难以工业化推广。对环境友好易降解的柠檬酸三钠作促染剂，染色效果比较好，但用量大，染色成本也较高。甜菜碱是一种无毒易分解的两性化合物，作为活性染料的促染剂，可减少 60% 无机盐用量；并具有一定固色效果，织物得色量和染色牢度均有所提高。采用聚丙烯酸盐和聚马来酸盐替代元明粉，能够适用于棉织物轧染染色，染色效果和各项牢度与氯化钠的染色效果相当。

（4）低盐 / 无盐染色工艺

合理设计和控制染色工艺也是实现低盐 / 无盐染色的重要途径。湿短蒸染色技术、冷轧堆（如图 2-9 所示）、小浴比以及电化学染色均为有效方法。湿短蒸染色技术通过控制蒸箱温度和湿度，使纤维膨化显著，从而使染液最大限度进入纤维内部，提高染色上染率和固色率。冷轧堆工艺具有能耗低、工艺简单、无盐染色、固色率高等优点，但存在染色加工时间长的不足。小浴比染色不仅可以加快上染速率，还可以在一定程度上提高固色率，故而可以进行低盐染色，且可以提高染料和碱剂的利用率。电化学无盐染色可明显提高活性染料的上染率，减少废水排放，但需要配备特殊的电化学装置，工业化连续生产难度大。

图 2-9　活性染料冷轧堆染色装置图

目前有关纤维素纤维织物低盐 / 无盐染色的理论研究众多，但在实际大生产加工中应用的寥寥无几，如何根据实际生产要求，并结合纤维和染料的基本性质，合理选择染化料及相应加工工艺是实现工业化生产的关键。因此，关于纤维素纤维织物活性染料低盐 / 无盐染色的产业化有待深入探索。

## 2.6　无水染色——超临界流体染色技术

世界经济模式正逐步迈向“低碳化”进程。我国是纺织品加工和出口大国，印染是提升纺织品品质和功能，丰富人们生活的重要手段。现代染色技术是建立在以水为介质的基础上被开发应用的，染色介质在整个染色过程中起着重要作用。首先介质要溶解或分散染化料，并使染料以分子形式吸附到纤维上；其次，染色介质具有润湿和膨化纤维的作用，促进染料向纤维内部扩散；此外，染色介质还具有向加工体系传递热量的功能，提供染料以及纤维大分子链段运动所需的动能。近年来，随着印染行业的不断发展，在为国家和社会做出贡献的同时，印染水耗和产生的废水对环境的污染也日益加重，据统计染色 1 kg 纺织品需要耗水

100 kg 左右。由此，无水、少水染色技术的开发成为近年来纺织印染行业发展的重点。

（1）超临界流体染色技术的定义

超临界流体技术是指采用温度（31.1℃）和压力（7.38 MPa）处于二氧化碳临界点（如图 2-10 所示）以上的超临界二氧化碳流体取代传统的水作为染色介质对纺织品进行染色，符合纺织品清洁生产的要求，因其具有高上染率、短流程、零排放、无污染的特性，而备受关注。二氧化碳作为最常用的超临界流体，具有无毒、不易燃、价廉易得，临界温度和压力较为温和等优点，在超临界状态下能够溶解染料，并将其携带到达纤维表面，经吸附、固着后，快速均匀地上染织物；染色结束后经降温减压，二氧化碳汽化与染料充分分离，省去了清洗、烘干工序，剩余染料及二氧化碳可回收循环使用，降低了温室气体的排放。超临界二氧化碳染色技术无水污染，不需添加任何助剂，染色后剩余染料很容易从介质中分离，易回收，从根本上解决了印染行业染色加工的水污染问题，彻底实现了染色加工的清洁化、绿色化和环保化，引起了全球相关业界的关注。

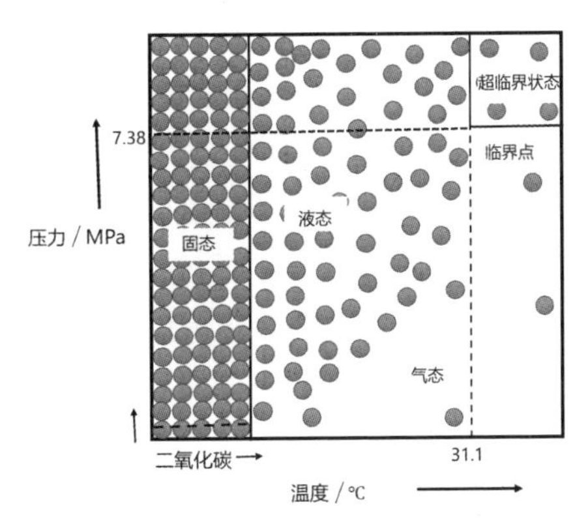

图 2-10　超临界二氧化碳流体相图

（2）超临界流体染色技术国外发展现状

德国西北纺织研究中心的研究小组最早提出超临二氧化碳染色的基本概念，设想采用超临界二氧化碳流体代替水，用分散染料对聚酯纤维纺织品进行染色，并取得了初步成功，开启了人们对超临界二氧化碳染色的研究。处于超临界状态的二氧化碳流体，其既具有液体的密度和溶剂的性质，同时又具有部分气体性质，黏度小、穿透力强，介质中单分子溶质扩散系数大（为液体的 10~100 倍），能大大缩短加工时间。由于二氧化碳分子呈线性对称的结构特点，故超临界二氧化碳流体具有疏水性的特点，能够溶解极性小或疏水性的固体溶质，如分散染料等；同时其对疏水性涤纶等纤维具有良好的增塑膨化作用。因而，超临界二氧化碳流体具备了作为染色介质的必要条件。

由于开发超临界二氧化碳染色工艺具有显著的经济和社会效益。德国、美国、日本等国相继进行了超临界流体染色技术的研究开发工作。特别是 2008 年在荷兰成立的 DyeCoo 公司，首次进行了超临界二氧化碳染色设备的商业化运作，并于 2010 年推出容量达 100~200 磅的经轴染色装备系统。耐克与 DyeCoo 合作用这种技术为肯尼亚马拉松选手 Abel Kirui 打造了 2012 年奥运会马拉松比赛服，而阿迪达斯公司则在 2012 年夏天销售了首批 5 万件无水印染 T 恤衫。

（3）超临界流体染色技术国内研究现状

我国有关超临界二氧化碳染色的系统研究始于 21 世纪初，东华大学、苏州大学、大连工业大学等高校及研发机构各自推出了不同形式的超临界二氧化碳染色小样机、中试装备系统，并实现了超临界二氧化碳染色的示范或应用。

目前，超临界二氧化碳染色技术已从实验室的基础研究，逐步进入商业化应用开发阶段（如图 2-11 所示）。在染色技术方面，除开发、完善超临界流体在分散染料染色聚酯纤维上的应用，超临界二氧化碳染色技术的应用研究已扩展到醋酯、锦纶、腈纶以及芳纶、丙纶等新型合成纤维染色技术，近年来的研究也涉及超临界二氧化碳体系中棉、蚕丝、羊毛等天然纤维纺织品的染色技术。

图 2-11　超临界二氧化碳染色筒子纱

总之，超临界二氧化碳流体染色技术已成为可商业化生产的绿色环保的染整新技术。推进超临界二氧化碳染色的产业化进程及其应用领域，对节约水资源，保护生态环境，从源头上解决和坚持纺织印染行业的可持续发展，具有重要的战略意义和社会现实意义。

## 2.7　返璞归真——天然染料染色技术

天然染料染色是指以天然提取的色素为着色剂对纺织品进行染色，赋予纺织品颜色性能的加工方法。根据染料来源不同，天然染料分为植物染料、动物染料以及矿物染料，另外细菌、真菌、霉菌等微生物产生的色素，如红曲米也可作为天然染料的生产原料（如图 2-12 所示）。植物染料是从植物的花、茎、叶、果实、种子、皮、根部等提取的染料，是天然染料中最重要、最常用的一类，主要有茜草、紫草、姜黄、苏木、蓝草等提取色素。使用从植物中提取的染料给纺织品上色的方法又称为“草木染”。动物染料是指从动物身体及组织器官内累积有色颗粒中提取的色素，主要有紫胶红和胭脂虫红。矿物染料为天然的有色矿物质的粉体，主要成分为金属的有色氧化物，如赭石的成分为 $Fe_2O_3$，呈红色，雌黄的成分为 $As_2O_3$，呈黄色。矿物染料不溶于水，对纤维没有亲和力，染色时需要用黏合剂将矿物染料黏附在纤维的表面而着色，极少使用于纺织品染色。

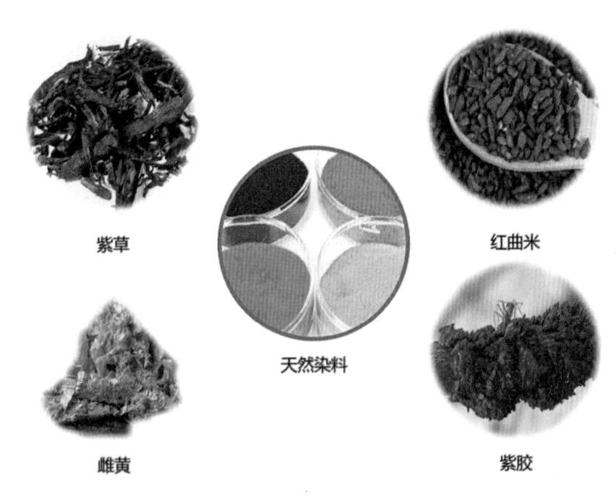


图 2-12　天然染料的来源

天然染料使用在我国具有十分悠久的历史，经过长期的应用与改良，古代中国人民逐渐掌握了染料植物的种植、染料提取和染色工艺技术。中国古代的文字记录中有很多与其相关内容，中国第一部诗歌总集《诗经》中已有蓝草、茜草用于染色的内容记载；先秦古籍《考工记》的“设色之工”部分对中国古代练丝、练帛、染色等工艺都做了较为详细的记述；北魏末年贾思勰著的《齐民要术》中记载有关于种植染料植物和萃取染料加工过程；明末宋应星编撰的《天工开物》中“诸色质料”部分记载纺织品上各种颜色的获得方法，如木红色的染色方法为“用苏木煎水，入明矾、棓子”。到明清时期，我国天然染料的制备和染色技术都已达到很高的水平，清代的《雪宧绣谱》中出现的色彩名称达到 704 种。

19 世纪以后，由于合成染料制备和染色技术的发展，更适合现代加工技术的合成染料渐渐取代天然染料成为纺织品染色的主要染色剂，天然染料的使用在工业化染色加工中被淘汰。近年来，随着人们逐渐开始崇尚自然、生态、健康的生活方式，天然染料染色的纺织品又回归到人们的视线中。

（1）天然染料染色法

从不同原料中提取的天然染料分子结构各异，品种繁多，对各种纤维的染色能力各不相同，染色方法也不同，常见的染色方法有直接染色法、媒染染色法、还原染色法等。

① 直接染色法。一些分子量较大、同时带有羟基等弱负电性基团的天然染料可以像直接染料和酸性染料一样，在一定条件下通过弱的范德华力、氢键或离子键力对蛋白质纤维等带有正电荷的纤维直接染色。由于大多数天然染料对纤维素纤维的亲和力较弱，在天然染料对纤维素纤维的直接染色加工中，只能得到比较淡的颜色。

② 媒染染色法。大多数天然染料分子结构简单，对纤维的亲和力较小，但分子结构中含有多元酚羟基，可以采用金属离子媒染的方法进行染色。染色时，纤维和染料分子与金属离子之间形成配位键结合，把染料分子与纤维结合在一起，从而提高染料的上染率和色牢度。此外，金属离子与天然染料结合，会改变天然染料分子发色体系，导致染色织物的颜色发生变化，同一种天然染料与不同金属离子结合，可使染色织物获得不同的颜色（如图 2–13 所示）。根据媒染工序在整个染色加工中的顺序不同，媒染工艺主要可分为预媒染法、同浴媒染法和后媒染法三种。

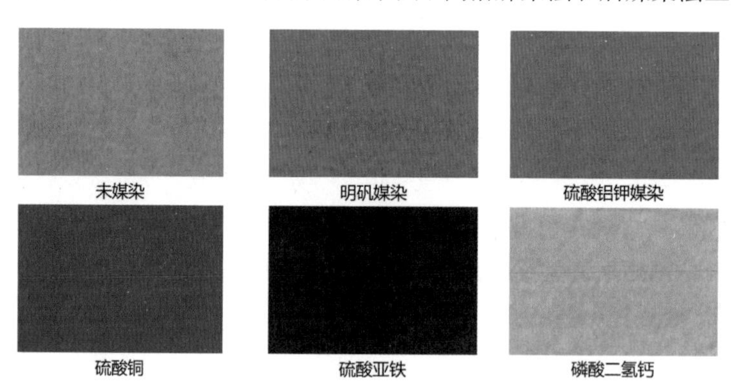


图 2–13　茜草色素采用不同金属离子媒染获得不同的颜色（真丝织物）

③ 还原染色法。天然靛蓝的结构和染色方法与大多数天然色素不同，天然靛蓝是从菘蓝、蓼蓝、马蓝和木蓝等蓝草植物中提取制得的吲哚酚，进一步氧化缩合得到的不溶于水的还原性植物染料。靛蓝不能直接染色，需先经还原成可溶于水的隐色体，上染纤维后再氧化为靛蓝本身，从而固着在纤维上达到染色的目的。天然靛蓝的还原方法分为发酵还原法和还原剂还原法。发酵还原法是以菘蓝、地黄根等含酵母物质作为酵母剂，也可以用酒糟作为酵母剂，以米糠和蜜糖等作为酵母培养剂，石灰、纯碱等作为碱剂，发酵产生的氢气将靛蓝还原，然后进行染色。还原剂还原法是直接采用保险粉、葡萄糖等还原剂在碱性条件下对靛蓝进行还原处理，然后进行染色（如图 2–14 所示）。

蓝草

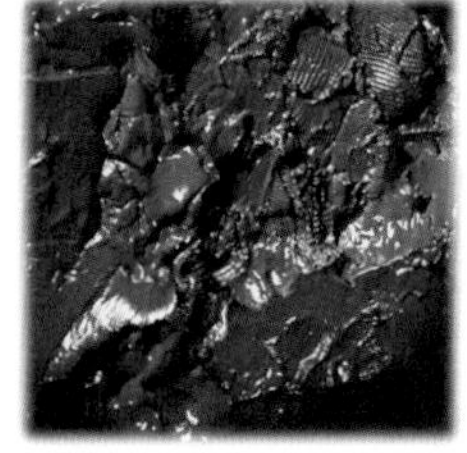
靛泥

染色物

图 2-14　蓝草、靛蓝及其染色物

（2）天然染料染色技术的应用和发展

目前，天然染料染色技术的应用主要分为两个方面，一是沿用传统的手工染色工艺，开发具有民族特色的天然染料染色产品，如蓝印花布、蜡染、扎染、香云纱等。二是将天然染料与现代工业化染色技术相结合，用于规模化染色加工。在天然染料工业化染色技术的研究中，主要解决天然染料染色存在的一些共性技术，如天然染料色谱不齐、耐酸碱和耐光稳定性差、上染率和染料利用率低、染色牢度不能达到服用纺织品相关标准的要求等。

主要研究开发工作有以下几方面：

① 扩大能用于纺织品染色的天然染料的种类。

从不同种类的植物资源中提取色素，特别是从板栗壳、石榴皮、沙棘果废渣、芡实壳等废弃植物资源中提取天然色素作为纺织品染色的天然染料，实现变废为宝，降低天然染料成本。

② 提高天然染料染色织物牢度的方法。

相关的研究包括媒染剂的选择和媒染工艺的优化，特别是选择生态安全的金属离子和天然媒染剂来提高染色织物的牢度性能。

③ 天然染料染色新工艺开发。

一些新的染色技术被开发用于天然染料染色加工中，如天然染料超声波染色、超临界 $CO_2$ 染色、微波染色等。

④ 天然染料染色织物的功能性开发。

很多天然染料具有很好的抗菌、消炎和防紫外线等功能，有利于开发既具有天然色彩，又具有特殊功能的绿色生态纺织品，提高染色产品的附加价值。

⑤ 天然染料的鉴别技术。

采用化学或仪器鉴别技术，建立天然染料以及天然染料染色织物的鉴别方法。

通过近几年的技术攻关，天然染料染色技术已在棉、麻、丝、毛等天然纤维纺织品上实现工业化应用，也有用于天丝、锦纶等化学纤维纺织品的染色的报道。

## 2.8　我的图案我做主——纺织品数字喷墨印花技术

“云想衣裳花想容”，从古代起，我们就开始探索衣物之美，皇帝会穿着绣有龙纹的黄袍，来显示天下独尊的地位。印花是纺织品生产过程中的一个重要工序，更好地满足了现代社会的需要，它不仅能够为消费者提供五颜六色的纺织品，而且可以很大程度上提高纺织品的附加价值。传统纺织品印花技术需要将要印制的图案分解成不同的颜色，制成花版，然后将图案组合起来，以完成印花过程，具体流程如图 2-15 所示，存在生产工艺复杂、劳动强度大、环境污染严重等缺点。相比而言，数字喷墨印花技术则更受欢迎。

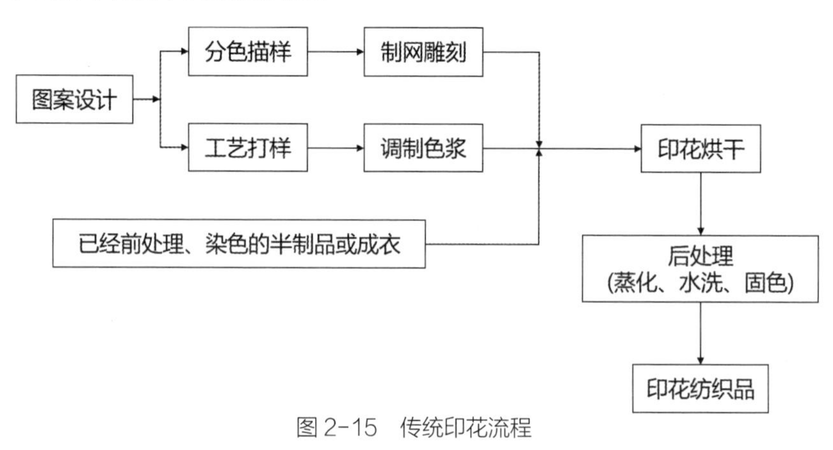


图 2-15　传统印花流程

（1）数字喷墨印花的特点

数字喷墨印花技术通过扫描仪、手机、数码相机等数字化设备将获得的图案以数字的形式输入到计算机中，经过图像软件处理后，再通过计算机控制数字喷墨印花机将墨水直接喷射到各种纤维织物上，印制出所需的各种图案。

与传统的印花技术相比，数字喷墨印花具有显著的优势：

① 无须制版，省略了传统印花制网、配色调浆、刮印等工序，具有生产工艺简单、周期短、精度高（印花精度可达 2 880 dpi）、生产批量灵活、库存少等优点。

② 其水耗仅为传统印花的1/15~1/25，能耗为传统印花的1/3~1/4，节能减排优势显著;喷墨印花染料用量只有传统印花的40%，仅有低于5%的浮色被洗去，节约助剂约80%。

③ 数字喷墨印花技术革新了传统圆网、平网印花方式和销售模式，实现了小批量、多品种和多花色印花，具有市场反应快、印花周期短等优点，满足了人们对纺织品的个性化消费需求，市场前景广阔。

（2）数字喷墨印花设备及耗材

① 喷墨印花机：据统计，截至2018年我国各种型号喷墨印花机保有量27 000余台，其中国产设备占比在80%以上，我国设备生产代表性企业是杭州宏华，该公司生产的VEGE超高速数码印花机，是目前国内最快的数字喷墨印花机，该设备中含有2 558个工业级喷头和超凡的控制系统，最高印花速度达400 $m^2$/h。另外，意大利Reggiani公司DReAM数字喷墨印花机，印花速度最快可达150 $m^2$/h，相当于1.6 m门幅的织物以1.6 m/min的运行速度。Du Pont公司的Artistri系列喷墨印花机，该系列喷墨印花机采用导带织物输送技术，具有导带自动水洗装置。印花速度可以在11~66 $m^2$/h范围内调节，印花精度介于360~720 dpi之间。Stork公司的Sapphire数字喷墨印花机，该系列喷墨印花机采用外置墨盒，在印花过程中无须定期更换机器中的墨盒。印花速度可以在3.1~31.9 $m^2$/h范围内调节，印花精度介于360~720 dpi之间。日本Mutoh数字喷墨印花机，有三种打印幅宽模式，有效幅宽分别为1 263、1 641和2 230 mm。印花速度在3~43 $m^2$/h范围内调节，印花精度分为360和720 dpi两档。意大利MS公司LaRio系列喷墨印花机是当今全球最快速的数码印花设备，最快速度75 m/min，幅宽1.8 m，可完成8 000 $m^2$/h印花业务，其印花速度可以与传统圆网印花机媲美。

② 喷嘴系统：喷嘴系统的精度由最小像素的尺寸取决。像素是组成图案的基本元素，有确定的大小和色泽深浅度，它的大小和图像分辨率密切相关，色泽深浅度与喷射到它所拥有的面积内的色墨量有关。在基质上形成丰富色彩，并具有相当的分辨率，组成图案的像素矩阵应具有较多的灰度等级和足够小的像素点。应用矩阵像素系统来产生彩色点纹矩阵是一种较易控制的组色方法，不同的矩阵可以产生不同的灰度等级，从而出现不同的颜色数（如表2-2所示）。

表 2-2　不同像素矩阵对应颜色数情况

| 像素矩阵 | 分辨率 | 灰度等级 | 颜色数 |
|---|---|---|---|
| 单个 | 240 | 2 | 8 |
| 2×2 | 120 | 5 | 125 |
| 4×4 | 60 | 17 | 4 913 |
| 8×8 | 30 | 65 | 27 462 |

根据喷墨方式的不同，一般可以分为连续喷墨和按需喷墨两种：

连续喷墨印花是通过控制系统有选择地使部分墨水与基质碰撞形成图案，另一部分墨滴被收集系统收回。墨水通过压电传感器后喷射出的墨滴在电极的作用下带电。通过控制电极形成静电场，使得带点墨滴发生偏转。根据偏转的方法不同，可以分为二位连续喷墨和多位连续喷墨两种方法。该类印花系统喷射墨滴数量多，体积大，适用于如地毯等较大墨量的纺织品喷印。

按需喷墨式印花主要分为三种：压电式、气泡式和阀门式。目前市场上使用的喷墨印花机以压电式按需喷墨印花机为主。该类系统喷射频率约为 14 000 滴 / 秒，喷出的墨滴体积较小，约为 $1.5\times10^{-7}$ mL，可以印制出高精细度的图案。气泡式喷墨印花装置在加热电阻温度大于 350℃时，墨水中挥发性成分气化从喷嘴中喷出，在纺织品上形成需要的花纹。该类系统喷射频率约为 10 000 滴 / 秒，喷出的墨滴体积约为 $1.5\times10^{-7}$~$2.0\times10^{-7}$ mL。该类装置制造成本低，但寿命较短，印花速度较慢。阀门式喷墨印花装置喷射精细度较低，仅为 25 dpi，但可以通过调节花纹中每个色点的墨水量来产生连续色光的变化，主要用于广告牌、窗帘、墙壁装饰布等。

（3）墨水

墨水是纺织品数字喷墨印花的另一个核心要素，从颜色色调上看，纺织品数字喷墨印花墨水与常规的喷墨打印机一样，主要有品红、黄色、青色和黑色四色或者品红、浅品红、黄色、青色、浅青和黑色组成。按照喷墨印花着色剂分类，主要有分散墨水、活性墨水、酸性墨水和涂料墨水，其中分散墨水主要应用于聚酯纤维，活性墨水主要用于棉织物和蛋白质织物印花，酸性墨水主要用于蛋白质纤维印花，涂料墨水具有通用性，可用于各种织物和混纺织物印花。2018 年喷墨印花墨水消耗量约为 19 200 吨，其中，活性墨水约 3 000 吨，进口比例 10%；酸性墨水 550 吨，进口比例 9%；分散墨水 15 250 吨，以国产墨水为主；涂料墨水 400 吨，进口比例13%。2016年，我国工业和信息化部发布了各类墨水的行业标准，推动了墨水标准化、规范化和工业化发展。

（4）存在的问题及未来发展

数字喷墨印花技术的不断发展，给传统纺织印花产业带来了一场技术革命，顺应了纺织品市场未来的发展趋势，但数字喷墨印花仍面临许多挑战：一方面是设备问题，如喷墨印花设备的速度太慢，我国还不能生产高精度喷头，缺少与数字喷墨印花配套的前后处理设备等；另一方面是工艺技术问题，如喷墨系统按需给墨，墨水只能喷印在织物表面，致使正反面具有一定的色差，墨水渗色、渗透印花产品以及与数码印花相配套的前处理和后整理技术的落后。

## 2.9　你喝饮料我做纤维——再生聚酯纤维生产技术

聚酯是由对苯二甲酸与乙二醇发生酯化反应生成的高分子化合物，分子结构呈高度对称，规整性好，被广泛用于生产纤维、薄膜、饮料瓶等。在过去几年中，我国聚酯年消费增长高达18%，2018年上半年产量高达4 600万吨（如图2-16所示）。然而，生产的聚酯瓶多为一次性使用，随着大量丢弃，产生的白色污染问题日益严重。随之而来的问题是排入自然界中的废弃聚酯也日益增加，对环境的污染也越来越严重。如何对这些废弃的聚酯产品进行回收再利用，有效利用资源，减少白色污染，保护环境，受到了人们的广泛关注。

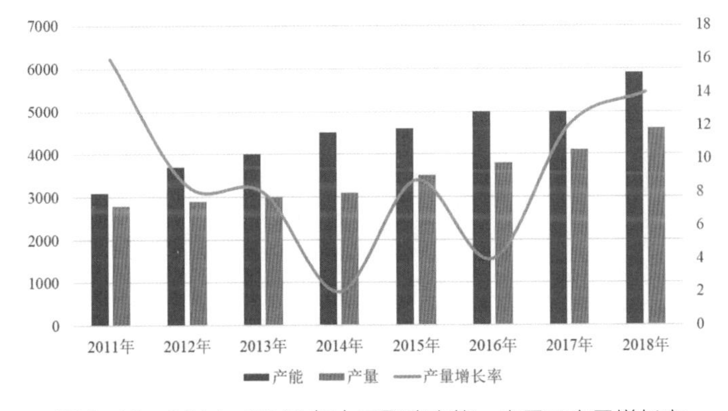


图2-16　2011—2018年中国聚酯产能、产量及产量增长率

（1）聚酯瓶片的回收方法

聚酯瓶片的回收方法主要有物理回收法和化学回收法两种：

①物理法。直接采用碾压、粉碎等物理操作使聚酯瓶片回收料成粒

后熔融直接纺丝。典型的工艺流程主要包括废料成分识别与分拣、粉碎清洗、造粒（对于废旧聚酯制品）、干燥、增黏（主要通过添加扩链剂增黏、液相或固相缩聚手段实现）、熔体加工成型等。该法简单直接，整个工艺流程的成本及设备要求较低，符合企业的生产理念，占据着目前市场的主体（约 80%）。

② 化学法。指根据涤纶的生成原理，利用可逆反应，使大分子的聚酯解聚成单体或聚合中间体，经分离提纯后，再缩聚为高品质的再生聚酯，然后用于纺丝等。该方法能实现对废旧涤纶的封闭式循环再生，适用于高杂质含量的聚酯回收。目前化学回收法主要有甲醇醇解法、水解法、糖酵解法和乙二醇醇解法等。由于化学回收的多变性，在再生过程的同时，还可开发出多种具有更高附加值的产品，以实现对废旧涤纶的高值化再利用。但化学回收的工艺流程相对复杂、技术难度大、生产成本高。

（2）再生聚酯的应用领域

① 与非再生聚酯相结合。

北美 Wellman 公司联手可口可乐公司，推出了聚酯瓶循环利用的经营策略，主动回收聚酯瓶，然后利用物理和化学的方法，将回收的材料与非再生聚酯相结合，产品中含有 15%~20% 的再生聚酯，年生产量高达为 16 万吨。

② 非织造布及纺织品。

瓶到纤维的回收方法可以使得再生聚酯转换为短纤维和非织造布，因此，再生聚酯在非织造材料的应用也十分广泛，比如用于屋顶防雨材料基础布料、土工合成材料、基础布料、植生带或无土栽培、服装用、家具用等各种领域。同时，由于再生聚酯具有强度高、对环境友好、耐拉伸且易染色等优点，可以直接作为纺纱原料制成多种用途的纺织品。例如，可以通过一系列工艺将再生聚酯先制成纱线，而纱线可以进一步织造成针织内衣、针织衫、针织外套等纺织品。

③ 产业用纺织品。

再生聚酯还可以作为产业用纺织品的原料，主要包括各类医疗卫生和交通运输领域。前者主要包括了纱布垫、酒精拭、面巾、面具等；后者主要包括铁路及公路用的防水材料。近年来，汽车用纺织品中的应用实例也日益增多，例如顶棚内衬、座椅、汽车地毯、内饰系统等。

（3）国内的挑战及未来发展

目前通过化学处理法生产再生聚酯的成本过高，而通过物理生产法生产的再生聚酯的结构与性能不如原生聚酯产品。因此，如何结合两种方法在降低生产成本的前提下，有效提升再生制品的品质，对于提升再生制品利用率具有重大意义。

## 2.10 旧衣再生——废弃服装的再利用技术

我国年纺织品消费总量超过了 1 亿吨，废旧纺织品产生量高达 4 000 万吨，但其综合利用率不足 10%。大部分废旧纺织品被当成垃圾，填埋或焚烧，填埋后其降解需几十年乃至上百年，对土壤和水资源危害极大。其中，化纤类纺织品焚烧会产生大量有毒有害气体，造成严重的大气污染。因此，纺织品的有效回收利用已成为行业研究的热点。

（1）废旧纺织品国内外处理现状

很多发达国家对废旧纺织品已经有了系统的回收链和严格的回收管理制度。日本是世界上纤维循环利用比较好的国家之一，随着“促进再生资源利用”法令的实施，聚酯回收技术逐渐成熟，日本帝人公司开发出了世界上首项聚酯 100% 回收技术，东洋公司与三菱公司合作利用聚酯瓶再生树脂生产服装用 Ecole 纤维，年生产能力达到 8 000 吨。在日本的再生服装产品上，都印有 ECOLOG 的标识，深受环保人士的青睐。德国一家公司利用聚酯瓶及回收的摄影或投影胶片来开发聚酯纤维，回收纤维含量达 50%，目前这种织物由美国一家纺织厂加工成休闲服与运动衫。美国地毯消费量很大，每年需处理的废料达 150~170 万吨，2010 年美国全年的废旧地毯再利用量达到 54.5 万吨。英国利物浦的生态学家将野花种子置于废旧布料织成的毯子上，这种毯子充当地面覆盖物，用于绿化、美化城市，其成本只有普通种植手段的 10%。

我国在 20 世纪 90 年代就自主设计出多功能的切割开松设备，用于废旧纺织品的回收再利用。例如湖南安江纺织厂利用棉、毛、丝、麻等废旧纺织原料进行开松、纺纱、织布，开发了牛仔布，目前，已形成了产业化生产线。浙江富源再生资源有限公司将废旧的军服经消毒、剪碎、开棉及纺丝后成功变身为再生纤维，用于制造箱包、服装和毛毯等。由于我国的纺织工业的整体水平还落后于国外发达国家，且没有相应的法律法规，因此我国废旧纺织品回收再利用还没形成一定的规模。

（2）废旧纺织品的来源及常见处理方法

废旧纺织品的来源大致划分为三类：

① 加工、处理等过程中所产生的边角料、废丝、废布、短纤维等。

② 日常生活中的衣物、窗帘、毛巾、床上用品等相关废旧纺织品。

③ 聚酯纤维制造的废旧塑料。

目前对于废旧纺织品的处理途径大致可分为以下几种：

① 以二手服装的形式回收，通过整理后可继续使用，该方式一般在经济发达地区或国家较为普遍；

② 直接填埋是当前是大部分废旧纺织品采用的处理方式，但该技术存在污染地下水源等缺陷；

③ 生物堆肥，该方式绿色环保且能肥沃土壤，但其能处理的废旧纺织品种类有限，仅适用于可生物降解的废旧纺织品。

（3）废旧纺织品的回收方法

能量法是通过焚烧回收的废旧纺织品产生热能，再转化为机械能、电能的方法。热能法虽然能产生大量的能量，但是焚烧过程也会产生大量有毒有害气体，造成空气污染。此方法不适合大范围使用，只适用于不能再次作为原料循环利用的废旧纺织品。

机械法（如图 2-17 所示）是指将废旧纺织品切割、撕裂、开松后得到纤维，根据纤维的不可纺和可纺性，可利用非织造工艺用于生产非织造产品或者直接纺成纱线来生产新的纺织品，或将布片通过简单的处理后直接使用。该法几乎不破坏纤维分子的基本构成，而且成本低、工艺简单，是目前应用最广的一种回收处理手段，主要适用于纯棉织物。

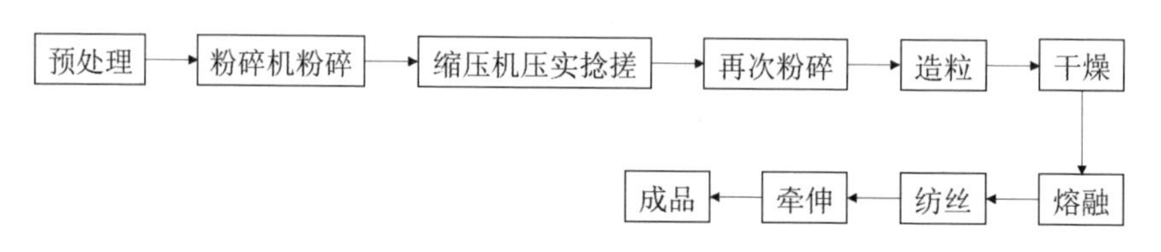


图 2-17　机械法回收废旧纺织品的工艺流程

物理法（如图 2-18 所示）是在不破坏纤维化学组成和结构的条件下，采用一定合理的机械力粉碎废旧纺织品，通过分类、净化、干燥等多道程序后，加入相关助剂再次进行加工，重新用于生产新织物的方法。通常用于单组分的废旧纺织品回收，如聚酯纤维的回收，将涤纶进行加热熔融后再造粒并纺丝，再生丝具有几乎相当于原丝的品质，但对于涤棉等混纺织物，其回收利用率很低。该法工艺成熟、对环境友好，但预处理工艺复杂、能耗大、回收价值不高，且难以实现多次回收。

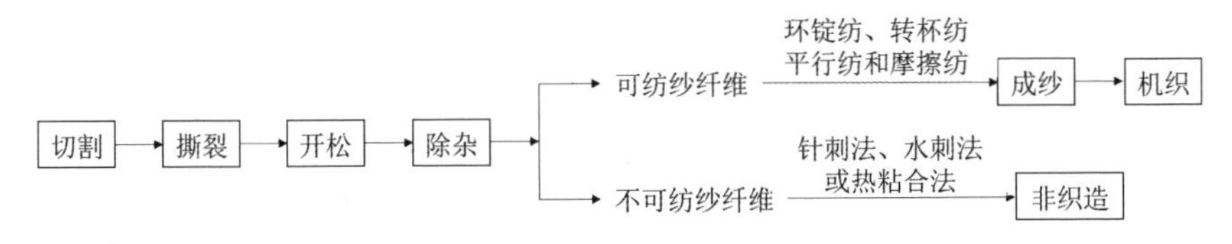


图 2-18　物理法回收废旧纺织品的工艺流程

化学法是将合成纤维大分子表面进行改性，添加新的基团，导致其分子结构发生改变，得到新的单体，然后再利用这些单体制造新的化学纤维。化学回收可以使得纺织原料彻底利用，对于价格昂贵的纺织原料能较好地重复利用，经化学回收的原料与新料所制造的纤维性能差别较小，但是化学回收法所需的工艺技术较高，成本相对较高，适用于批量生产，对于所回收的废旧纺织品所含原料要求较为严格。

（4）废弃纺织品的利用技术

可供回收利用的纺织废料很多，如废纤维、纺织和服装厂的回丝下脚料、化纤厂的废丝和胶块、聚酯瓶以及破旧衣物等都可回收利用。对于纺织和服装厂的下脚碎布和破旧衣物，可先进行分类再撕碎开松成单纤维状态，聚酯瓶和化纤厂的胶块经过粉碎后纺丝。废旧纺织品回收利用技术主要包括合成化学纤维、天然纤维、混纺纤维的再利用技术以及纺织厂的回丝和化纤厂的废丝的开发利用。

① 合成化学纤维废旧纺织品的利用技术。

废弃合成纤维纺织品中高聚合物加工利用有两个途径：一是采用熔融或溶解的方法回收这些高分子材料，直接作其他用途；二是把回收的高分子材料进一步裂解成高分子单体，重新聚合再纺制纤维产品。

② 废弃天然纤维纺织品的利用技术。

天然纤维回收利用一般是对植物纤维（棉、麻等）和动物纤维（羊毛纤维），将纱或织物（旧衣物）用机械分解成纤维状，再回纺或混纺，织成织物。植物纤维也可作非织造布原料或处理（主要是脱色、脱油脂）作黏胶纤维、Lyocell 纤维及造纸原料。难于分开的废弃混合纤维纺织品，通过机械重新分解，可用于非织造布生产和作复合材料的骨架材料等。

③ 纺织厂的回丝及化纤厂的废丝利用技术。

纺织厂的回丝及化纤厂的废丝开发利用是一项具有生态意义和经济意义的工作。可利用的废丝有清棉工序的车肚花、梳棉工序的落棉（后车肚花及盖板花、精梳落棉、粗纱头、细纱回丝、筒摇回丝、织布回丝、化纤废丝等），还有织整工序残布料、服装裁剪下来的边角料、针织生

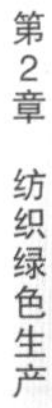

产中的各种废料服装。

总之，我国纺织品产量巨大，废旧纺织品储量丰富，充分回收利用是发展循环经济的必然要求，也是实现可持续发展必经之路。要发展废旧纺织品的再利用，可以从如下方面入手：

① 加强全民环保意识，引导废弃品分类管理；

② 进行技术攻关，推进生产改造和技术创新，如优化回收再利用工艺、开发简单绿色环保高效的新工艺、实现高附加值利用等；

③ 制定相关政策对再生纺织品生产企业给予必要的产业扶持。

## 2.11 排出清新——印染废气处理技术

印染加工在带来一定经济、社会效益的同时，也造成了较为严重的大气环境污染。定型机烘房中会产生大量有污染的高温气体，直接或间接引发了“雾霾”等大气污染问题，威胁群众身体健康，影响环境安全。同时，定型机废气存在的刺鼻气味，也一直是群众投诉的焦点。

（1）印染废气的来源

印染生产工艺流程一般可分为坯布准备、前处理、染色 / 印花、后整理及成品包装等几个阶段。棉和涤棉混纺织物印染工艺流程及产污节点如图 2-19 所示。其中，前处理和后整理是主要污染排放源。在前处理中，烧毛时织物通过火焰或在炙热的金属表面擦过，会因纤维燃烧产生一定的颗粒物。此外，在烘干过程中，织物上的油剂、染料和某些助剂等会挥发；热定型整理时，由于定型机的高温作用（180~210℃），使得

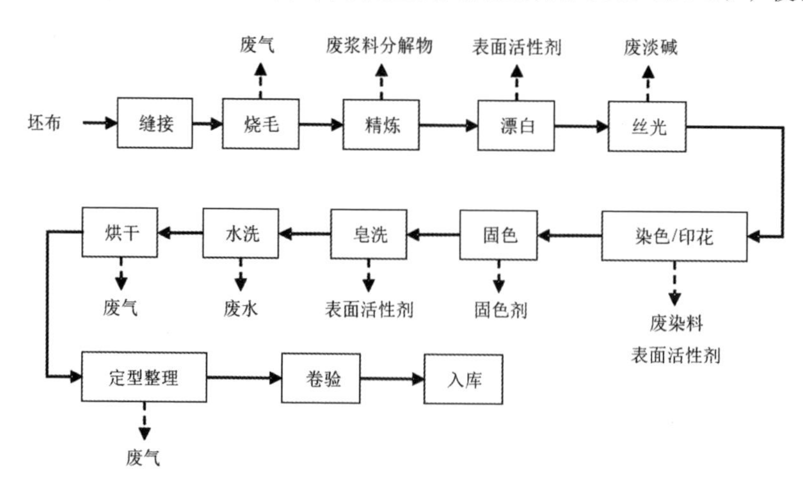


图 2-19　棉和涤棉混纺织物印染工艺流程及产污节点

织物表面的一些染料、助剂和油剂等受热大量挥发，造成严重的大气污染，这些污染物主要有有机废气、颗粒状物（油烟和气溶胶）等。

涂层整理过程会使用大量的有机溶剂，如 DMF（二甲基甲酰胺），特别是溶剂型涂层，对大气污染较为严重。直接涂层的工艺流程与产污节点如图 2-20 所示。

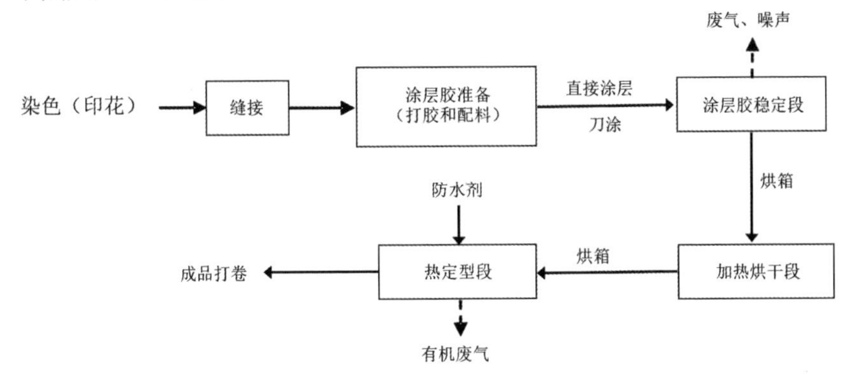


图 2-20　直接涂层的工艺流程与产污节点

（2）印染废气的特点

印染定型机废气具有以下特点：

①废气排放温度高，一般介于 100~155℃之间；

② 废气含油颗粒物高，黏稠性强，且以冷凝性粒子为主；

③ 废气无机污染物（CO、$CO_2$、HCl 等）浓度低，部分可低于检出限；

④ 废气中颗粒物粒径小，多数是不足 1 μm 的油烟颗粒物；

⑤ 废气有机污染成分复杂多变（醛、酮、杂环化合物等），浓度略偏低（涂层整理除外）。

（3）目前常用的定型机废气处理技术

目前对印染定型机废气治理主要集中在对其废气中油烟和颗粒物的去除，以解决定型机废气的恶臭和透明度差的问题。常用的净化方法可归纳为机械净化、喷淋洗涤、静电除尘和氧化燃烧等 4 大类。

① 机械净化。利用质量力、过滤、吸附或吸收等方法，对定型机废气进行净化，其主要装置为旋风除尘器。鉴于旋风除尘器对 <5 μm 颗粒物捕集效率较低，实际应用中一般只作废气预处理装置或一级除尘设备。过滤或吸附主要采用亲油性的高分子材料，通过截留、惯性碰撞、扩散等方式净化定型机油烟废气。初期净化效果较好，但吸附饱和时净化效果迅速下降，甚至完全消失。此外，由于定型机废气含油量大，黏附性强，易导致装置被油性物质堵塞，造成设备故障。

② 喷淋洗涤。目前应用最为广泛的废气处理技术，通过对烟气进行喷淋洗涤，气液直接接触，不但可有效降低烟气的温度，使油烟颗粒冷凝聚集变大而易脱除，同时溶剂水也可吸收部分可溶性的气体，或通过掺入药剂提高疏水性物质的溶解度，进而提高废气处理效率。喷淋洗涤主要通过将雾化液体与油烟污染物碰撞接触，颗粒物被水雾捕获吸附截留在净化器内。该类设备运行可靠性高，能除去大部分直径 >2 μm 以上的油烟颗粒，净化后油烟浓度基本能满足现有排放标准的要求，运行成本介于机械净化和静电除尘之间。但对直径 <1 μm 以下的次微米颗粒物去除效率较低，不能解决定型机废气中的刺激性气味。常用的喷淋洗涤装置有文丘里洗涤塔、涡流式洗涤塔、填料床洗涤器等。

③ 静电除尘。静电除尘是利用颗粒物经过静电场后获得荷电，形成荷电颗粒物,在电场力的作用下,向集尘极移动而被捕获的废气处理方法。根据极板是否使用水清洗，静电除尘技术分为干式和湿式两种。干式静电除尘在处理定型机废气时，电极易被油性物质黏附，造成极板结垢，放电效果差，且废气的高温会使电极表面的油性物质着火。湿式静电除尘通过极板表面的水膜，不会使黏附性油脂积聚，且无颗粒物逸散现象，但需考虑洗涤废液处理。由于其去除效率高且操作压损小，附带有去除腐蚀性、毒性、少量臭味废气功能，在定型机废气中的应用越来越广。

④ 燃烧技术。可分为直接燃烧、催化燃烧和热力燃烧三类。对于定型机废气，热值较低难以直接燃烧，一般在处理过程中需要添加一定的辅助燃料。催化燃烧处理存在催化剂中毒的可能，特别是定型机废气中含硫化物或硅酮类物质，因此在进行催化燃烧之前，需对废气进行脱硫及烃类物质。热力燃烧需预先增温后，进入热力燃烧室燃烧，适用于高浓度有机废气处理，其投资运行成本较高，难以适应我国当前的印染企业实际情况。此外，燃烧法最大的问题是，存在回火现象，长时间的处理使得内壁会残留许多油垢，处理过程中稍微不注意，可能会引发管道内火灾。

（4）定型机废气处理技术举例

印染定型机废气组成成分复杂多样，其具体成分的理化性质也存在较大差异。在废气治理时，应找到经济、技术因素两者之间的平衡点。在实际应用中，目前比较先进的定型机废气净化处理工艺包括以下两种。

①热能回收—喷淋洗涤—湿式静电除尘三级处理工艺。

该工艺（如图 2-21 所示）通过将定型机废气收集，通过热交换器与新鲜空气热交换降低废气温度，使废气发生冷凝作用。随后，废气进入喷淋洗涤单元，去除大部分粒径大于 1 μm 的油烟颗粒。再进入湿式静电处理，在高压静电场作用下，次微米级的油烟颗粒和水雾颗粒一同被荷电、定向迁移、捕获，使得定型机废气刺激性气味得到去除。

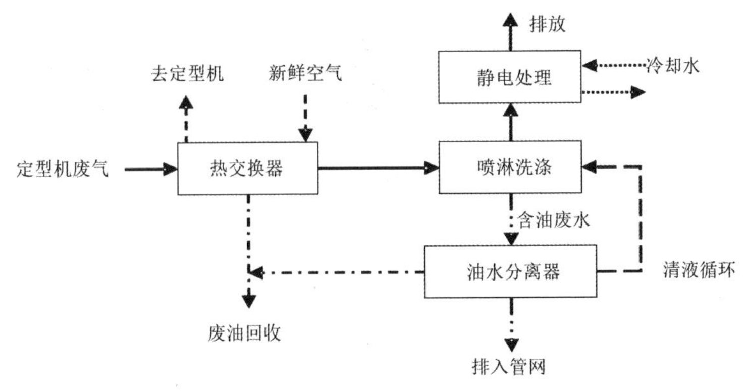


图 2-21　热能回收—喷淋洗涤—湿式静电除尘三级处理工艺

② 冷却—高压静电一体化处理工艺。

定型机油烟废气首先通过集气管道进入离心轮，离心轮在高速旋转下，将废气中大部分油性物质和颗粒物带入油槽。同时，离心轮上安装的雾化喷嘴还可以增加水气雾化的效果，用于去除粒径较大的油滴和颗粒物，减轻后续处理压力，提高高压静电对废气的捕集效率。然后油烟废气经冷却箱冷却，进入蜂窝电场，做进一步的预处理。最后，油烟废气通入板线双区电场，在高压静电的作用下得到高效的净化处理（如图 2-22 所示）。

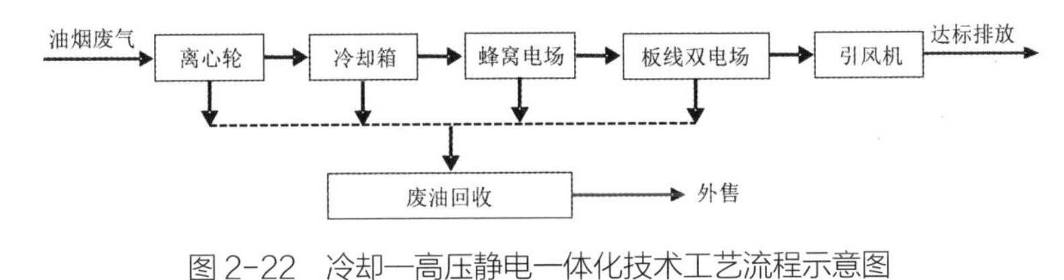


图 2-22　冷却—高压静电一体化技术工艺流程示意图

## 2.12　排放清澈——印染废水处理技术

纺织品印染加工都是以水为介质进行的，加工过程中消耗的染料、助剂等化学品在赋予纺织品多彩的色泽和功能性效果的同时，也产生大量的印染废水（如图 2-23 所示）。印染废水中含有的染料和助剂种类繁多且成分复杂，具有浓度高、色度深、不易降解等特点。出于环境保护的需要，印染废水排放标准不断提高，促使深入探索印染废水的新型处理技术，提高废水处理效果、中水质量及回用比例。

图 2-23　印染废水

（1）印染废水处理技术

印染废水处理的常见方法有物理处理法、化学处理法以及生物处理法等。

① 物理处理法。通过简单的物理处理工艺去除废水中的部分污染物。用于印染工业废水的物理处理技术包括格栅 / 筛网、吸附、气浮、混凝、沉淀、膜分离法以及离子交换等操作单元或过程。

其中的混凝法是采用无机和有机絮凝剂，通过混凝沉降方式来处理废水中胶体悬浮物质、重金属离子及有机物的方法。在絮凝剂作用下，废水中悬浮物和胶体物质形成絮体颗粒后沉降分离，能够有效降低水浊度、色度及 CODCr 值。混凝沉降的效果取决于所用絮凝剂的特性，因此研发高效、低廉、环境友好的絮凝剂是今后的发展趋势。最新开发的微絮凝直接过滤技术是在过滤前对印染废水投放絮凝剂，经过滤料完成反应后再进行沉淀和截留等工艺过程，具有较好的经济效益。

其中的膜分离法是利用不同的膜对不同物质具有透过性差异，达到分离的方法。用于印染废水处理的膜分离技术有超滤、微滤、纳滤和反渗透。微滤、超滤常作为纳滤和反渗透的预处理工序，超滤（UF）能分离大分子有机物、胶体、悬浮固体（如图 2-24 所示），纳滤（NF）能实现脱盐和浓缩，反渗透（RO）能去除可溶性金属盐、有机物、胶粒并截留所有离子。膜处理技术具有节约占地面积、易操作、选择性好、处理效率高、易维护等优点。

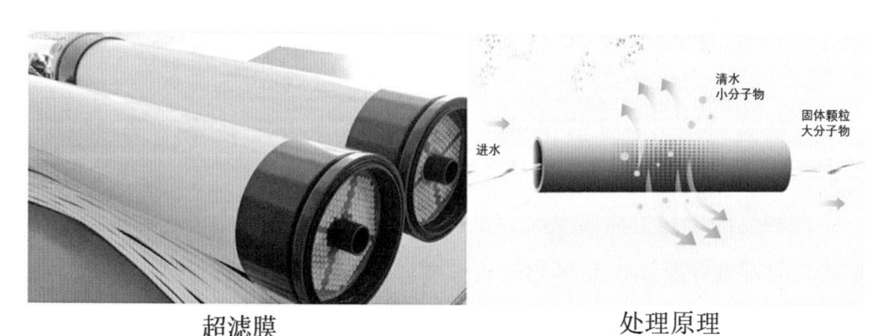


超滤膜　　处理原理

图 2-24　超滤膜组件及原理

② 化学处理法。处理纺织印染废水的常用技术是化学氧化法，即通过氧化反应破坏废水中染料、助剂分子的有机分子结构。高效的氧化技术，常借助氧化反应过程中产生的强氧化能力的羟基自由基（-OH）使水体中许多结构稳定、很难被微生物分解的有机分子转化为无毒无害的可生物降解的低分子物质，从而提高废水的可生化性。化学处理法有以下几种。

芬顿（Fenton）氧化法的原理是通过 $Fe^{2+}$ 与 $H_2O_2$ 反应生成的 -OH 与污水中的有机污染物反应，从而达到降解大多数有机污染物的目的。

电解催化氧化法是通过阳极放电产生 -OH 后对有机污染物进行去除的技术，具有操作简单、占地面积小、建设费用低、处理效率高等特点。

光催化氧化法（如图 2-25 所示）是光催化剂在光照下电子跃迁，产生 -OH、超氧自由基，对有机污染物进行氧化降解，具有反应条件温和、应用范围广、无二次污染等优点，是研究开发最为活跃的方法之一。

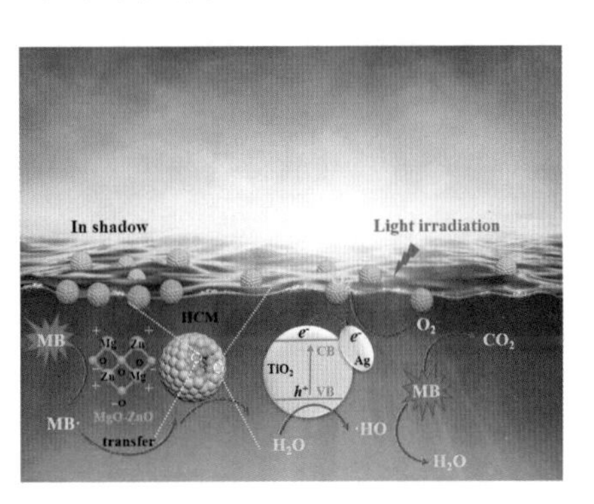

图 2-25　光催化氧化法废水处理

臭氧氧化法是采用臭氧与废水中的羟基反应生成 -OH 后与有机污染物分子反应，从而对其进行去除，可有效去除印染废水中的染料和芳香化合物。

③ 生物处理法。生物处理技术指通过生物降解的方式来实现有机物降解和脱氮。主要包括活性污泥法、好氧厌氧处理法、生物膜法、膜生物反应法、添加菌种法以及生物强化技术等。采用的主要工艺有生物接触氧化、生物活性炭、曝气生物滤池及膜生物反应器等。生物活性炭法将物理吸附技术与生物技术相结合，利用活性炭吸附和微生物降解的协同作用去除有机物。曝气生物滤池是在常规滤池的基础上添加人工曝气提高处理效果。膜生物反应器将传统的生物降解技术和膜分离技术有机地结合起来，利用膜的高效截留分离能力完成固液分离，将难降解大分子有机物质截留在反应器中不断降解，从而达到高效彻底地去除废水中污染物的目的，是目前印染废水处理技术研究开发的热点，许多新型膜生物反应器被开发用于印染废水深度处理。

（2）废水深化处理和中水回用

中水回用是指印染废水经过二级处理和深度处理后再被用于不同的

加工工序，是印染废水处理的最终目的。传统的印染废水处理工艺主要为：废水调节→混凝沉淀→厌氧/好氧→气浮，出水很难完全达到回用的要求。

要实现中水的回用，必须对印染废水生化出水进一步深度处理，可根据废水的组成、回用目的，通过处理工艺优化组合，充分发挥各个处理单元的优势，提升中水质量。在印染废水深度处理技术的工程化应用方面，更加重视多种处理技术的联合应用、分质分流处理技术以及自动化控制技术的应用。

最新开发的高效深度处理充分应用先进技术，实现印染废水的高比率回用。如印染废水处理方案：印染废水→混凝沉淀→厌氧（缺氧）→膜生物反应器→（臭氧氧化→生物活性炭）→纳滤或反渗透→出水回用。在该组合工艺中，混凝沉淀有效去除废水中悬浮物和胶体物质，降低废水 CODCr 值；生化处理和膜生物反应器组合能高效去除废水中污染物；臭氧氧化处理可进一步去除结构稳定、难生物分解的有机物；纳滤或反渗透膜组合可有效分离、脱除水中的无机盐成分，最终使中水达到回用要求，可回用于印染生产过程的水洗、皂洗、冲洗等工序，对产品质量影响较小。

在中水回用的实施过程中，由于回用用途的不同，对水质的要求也不同，可根据不同生产品种、生产工序的不同要求，将废水处理到不同的水质指标以满足不同生产工序的用水标准，达到提高回用比例。目前，这方面开发了适用于废水处理和回用系统的智能化控制系统，通过检测印染加工各环节的废水和用水参数，实现分质分流处理，及时调整废水处理的运行参数，达到废水处理系统的自动控制，提高处理效率，通过中水质量与印染用水要求之间的关联，提高中水回用的比例，降低印染废水处理成本。

## 3.1　吹毛求疵的智能眼镜——面料的疵点检测

在织物的生产过程中，随机发生的机械故障、原料的不稳定品质、不良的工艺制定、人员的不当操作、生产环境的不稳定变化，都可能导致织物表面形成局部不良品质，这在纺织生产中称为“织物疵点”。如图 3-1 所示，由于产生原因与织物品种的多样性，织物表面的疵点亦具有多种多样的外观表现。作为织物生产制造品质的直接体现，织物的表面疵点对其最终成品的质量、美观甚至服用性能有着重大的影响。

图 3-1　形形色色的织物疵点

因此，不论是对于织物的生产企业，还是以织物为原料的加工企业，都在运作过程中重点关注织物疵点的检测。对于织物生产企业，疵点检测一直以来都是质量管理、成本控制以及提升产品竞争力必不可少的环节之一。而对于以织物为原料的加工企业，疵点检测则是原料品质的重要评定工作，亦是保障产品质量的重要参考。

从检测环节来看，织物疵点检测主要有在线检测和离线检测两种形式。在线检测主要实施于织物生产企业中的生产环节，旨在织造过程中实时监控生产出的织物表面是否有疵点，以在疵点出现时及时采取应对措施，排除产生的原因，保障企业产品的质量，如图 3–2（a）所示。而离线疵点检测，主要指对已经完成生产的织物产品，或是采购进货的织物原料，进行单独统一的疵点检测，如图 3–2（b）所示。这种方式主要用于统计织物中疵点的类别与数量，最终对产品的质量等级进行评价，为生产、销售与采购环节提供重要的织物质量参考。

（a）在线检测

（b）离线检测

图 3–2　耗时费力的人工织物疵点检测

在纺织行业，布匹的疵点检测是一个重要环节，而国内外大部分企业仍使用传统的人工检测，利用人类视觉作为检测手段。检测人员经过相关培训后，能够对各类织物疵点具有很高的视觉敏感性。继而，被安排在线检测生产过程中产生的疵点，或是离线统计织物产品中疵点的种类与数量。然而，这种方式对检测员的个人经验、身心状态以及能力水平有着极高的要求，不同的检测员对于疵点判定的主观标准亦难以做到完全统一。另外，对企业来说，长期投入成本高、检测效率低、漏检率高。因此基于人工智能的检测方式成了传统人工检测的有力替代。

如今，人工智能与机器视觉技术早已在我们的日常生活中得到了广泛的应用，例如物体识别、车牌识别、人脸识别等人们随处可见的“高科技”。随着纺织服装行业由劳动密集型产业向技术密集型产业转变以及纺织生产工具向自动化、智能化转变，当前蓬勃发展的机器视觉与人工智能技术，逐渐为织物疵点检测的技术革新开辟了新的道路。瑞士 USTER 公司研发的 Q–BAR 2 在线织物疵点检测系统，可安装在织机上方，实时监测织机的生产状况，可做到准确识别、精准定位、高速响应、智能反馈等功能，避免了传统的人工车间巡回检测，其运转系统如图 3–3（a）所示。其研发的 EVS FABRIQ VISION 离线织物疵点检测系统，可实现独立高速的离线织物疵点检测，运转速度可达 60~100 m/min，其检测精度远高于人眼，同时速度是人工检测的 10 倍以上，成功地将检测人员从繁重的体力劳动中解放出来，其产品结构如图 3–3（b）所示。

（a）Q-BAR 2 在线疵点检测系统 （b）EVS FABRIQ VISION 离线疵点检测系统

图 3-3 USTER 织物疵点检测系统

总体而言，智能织物疵点自动检测系统，从以下几方面引领纺织产业向智能制造大步迈进，对织物的疵点进行更客观、更标准、更高效率的检测，正可谓是纺织工业中吹毛求疵的智能眼镜。

（1）提高生产效率

在线检测的快速实时响应、智能化工艺分析，能够有效提高生产中应对疵点的实时响应速度。以超高时速进行的离线检测，能够极大限度地缩短产品出厂、入库的检测耗时，提高企业的生产效率。

（2）降低劳动成本

自动化的疵点检测，将人们从繁重的体力劳动中解放出来，能够帮助企业有效地降低人力成本，提高生产效益。

（3）提高产品质量

精准、实时的在线疵点检测，能够使织物生产企业面对疵点的产生，展开迅速的应对措施，辅助提高产品质量。而精准高效的离线检测，提供的检测结果亦能快速地反馈给生产车间，保障产品质量。

（4）融入智能工厂车间

结合数字化的生产记录，智能疵点检测所记录下来的检测结果，能够为智能工厂云端大数据系统实时提供精准的产品质量信息，是智能化车间管理中重要的生产效能反馈数据。

## 3.2 天衣无缝——全成形针织

传说中，天上神仙的衣服没有接缝，也就是我们所熟知的天衣无缝神话故事。而如今，经过一代代纺织人坚持不懈的努力，天衣无缝成为现实。整件衣服编织过程一气呵成，无须缝合，犹如 3D 打印一般，为您提供丝滑无痕、舒适自然的穿着体验感。接下来让我们一起探索“天衣”无缝的奥秘吧。

传统的服装，多是通过缝合工艺将裁剪或编织好的衣片制成衣服，缝合过程中势必会产生僵硬突出的缝边，穿着时与皮肤之间相互挤压、摩擦，久而久之会产生刺痒感，同时，缝边位置的污垢不易清理，容易滋生细菌，严重时会发生皮肤过敏反应。无缝“天衣”的出现是服装发展史上革命性的变革。整件服装的编织过程从纱线到成衣一气呵成，省去了缝纫工序，消除了缝边，犹如第二层肌肤一般让您伸展自如。“天衣”的编织过程绿色环保，对原料的使用可谓是物尽其用，丝毫不浪费。“天衣”编织过程与传统服装编织过程的对比如图 3-4 所示，传统的服装因裁剪和缝边会产生近 30% 的面料损失，而“天衣”的一体成型编织则大大减少了原料的浪费，进而削减了因焚烧废料而造成的能源损失。

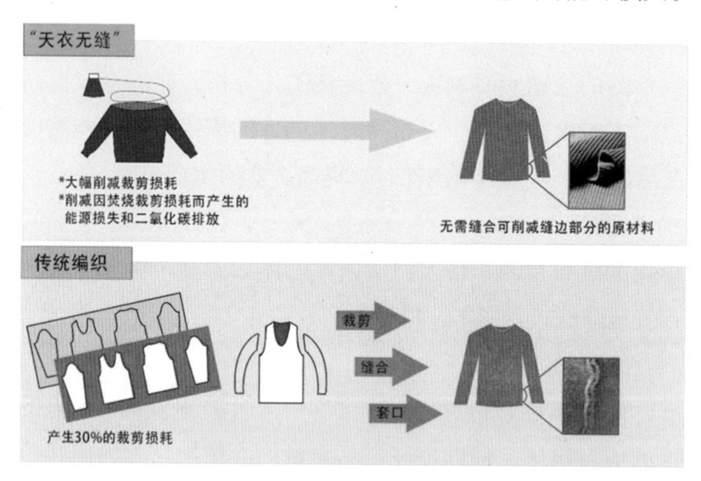


图 3-4　“天衣”编织过程与传统编织过程的对比

“一根纱，一件衫”是对“天衣”编织方式的最好诠释。无缝“天衣”的款式多种多样，但编织方式可简单地分为横向编织和纵向编织两种。为了达到无缝“天衣”的立体编织效果，两种编织方式都是基于筒状结构来实现的，是“天衣”最为基础的套头衫编织形式。如果想实现开衫结构的编织，则仅需要在大身的编织过程中利用类似字母“C”形状的编织的方式来完成一个开口筒状结构即可。横向编织方式多用于横向尺寸较宽的款式，例如备受仙女们追捧的蝙蝠衫。蝙蝠衫独特之处在于它与众不同的袖子，袖子出奇地宽大，与大身连接在一起，双臂展开后，形似蝙蝠。蝙蝠衫备受追捧的原因是其对身体的包容性很强，无论是身材苗条还是体态丰满的仙女均可驾驭。

“天衣”无缝编织主要体现在整件衣服的连续性编织，下机后不用再像传统衣服那样需要套口缝合处理，这就意味着“天衣”在编织过程中就已经完成了对衣片不同部位的无缝连接。而收针和放针便是实现这无缝连接的主要编织技术。收针又名减针，放针又名加针，是通过将“天衣”编织过程中的线圈在4个针床上相互转移和叠加握持的方式来实现织物宽度缩放和织物之间的互相连接。您如果对一件“天衣”成品的连接部位进行细心观察，还是可以发现这些收针和放针所留下的痕迹，这些痕迹既可以通过工艺的变化让其以娇小的姿态隐藏起来，也可通过一定工艺让其以明显的对称花样形式来展现。除了在衣片连接位置会使用线圈的相互转移和叠加握持编织方式，在衣片的局部位置也常用此方式来形成网孔或者类似麻花形状的绞花结构，可以实现“天衣”变化多端的外观结构。“天衣”另外一个重要的编织技术是局部编织技术。局部编织又称暂停编织和休止编织，是将针床上的部分线圈暂时停止继续编织，就像被施加了“定身术”魔法一样，等待魔法消除时这部分线圈才能继续编织，而针床上其他部分的线圈则是继续马不停蹄地编织。局部编织技术使“天衣”在臀部、腰部、胸部等部位的过渡柔和自然，在结构上完美贴合了人体曲线。以端庄优雅的连衣裙为例，如图3-5所示，其前身和后身不存在多余的缝合部分，整体线条流畅。利用纹理较为粗犷的罗纹组织，更显女性身材的修长之美。腰部两侧的对称收针以及细腻的纹理更显端庄大气。肩部通过三维立体编织可以使肩部线条更符合人体设计，达到穿着舒适自然的效果。外翻领与大身融为一体的编织，形成了丰富的层次感。此外，腋下省略了缝合套口部分，提高了运动的舒适性。

图3-5　无缝连衣裙

## 3.3　无人服装秀——服装虚拟展示

一个炎热的下午，小明烦躁地移动着鼠标，一遍又一遍地修改电脑上的服装面料设计图。她一会儿风风火火地跑去织造车间，一会儿又在办公室里唉声叹气。究竟是什么原因使她如此烦恼呢?

原来小明是面料公司的一位产品设计师，主要负责面料的工艺结构、图案设计，通过纱线与织物结构的搭配，设计出适合不同场合的服装面料。但是最近需要设计的面料非常多，每次设计完后都需要去车间进行打样。从织造到后整理，再到制作服装，至少需要两天的时间。若是设计得不准确，在查看样品之后还需要对设计工艺进行修改，再进入到打样确认流程，反反复复好几个来回。尤其是现阶段设计的花形比较复杂，小明无法在设计时看到织物的效果，由面料制作的成衣更是只能想象。客户不停地催促，这边打样修改又需要时间，这可把小明愁坏了。

这时候，刚入职的小红说话了："你知道服装虚拟展示吗？"小明一脸疑惑："那是什么？""服装虚拟展示能够把你设计的面料试穿在模特身上，而且还是三维立体的。现在好多设计师用到了这个功能呢！在纺织行业应用非常广泛。"小明一听来了兴趣，赶紧让小红介绍一下。

"我们平时在设计时，只能看到一些必要的工艺参数。面料的颜色搭配以及花形图案，在样布出来之前，都只能靠我们自己想象。提到这个服装虚拟展示，我就不得不说下虚拟设计了。你看，现在互联网技术和计算机技术飞速发展，虚拟现实技术应用到了生产、生活中的各个方面，在我们设计行业当然也必不可少了。而虚拟展示就是以计算机仿真和建模为基础，利用计算机模拟真实产品的效果，使服装面料从设计到展示一气呵成。"

"你可别卖关子了，能不能给我展示一下效果？"小明在一旁焦急地催促道。

小红打开电脑一边操作一遍继续说："服装的虚拟展示集计算机图形学、人工智能、网络技术、多媒体技术、虚拟现实技术等为一体，我们在电脑中进行产品设计，在虚拟条件下就可以进行实物的模拟。我们在输入产品工艺时，计算机可以对产品信息进行分析，把它们转换成计算机语言，判断每根纱线的颜色、成形状态与位置等信息。然后通过三维引擎库中的管道几何体对织物的三维几何结构进行绘制。除此之外，还能对纱线表面的纹理进行模拟呢。通过对光照等环境因素的设置，织物呈现出了带有阴影的立体感。还能看到自己设计的花形。你看，真实感是不是很强？"说着，小红给小明展示了由计算机模拟的织物的效果，如图 3-6 所示。

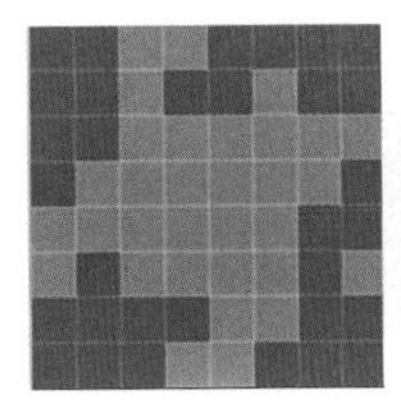
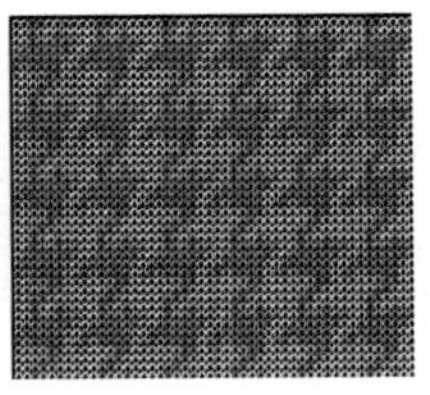
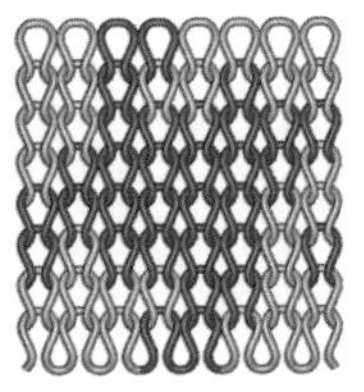
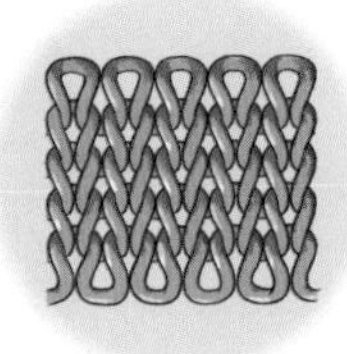

（a）纬编针织物意匠图（b）纬编针织物三维仿真　（c）线圈绘制　（d）纱线表面纹理

图 3-6　针织物工艺与仿真细节

“确实很真实，但是这也不是服装呀。你说的服装虚拟展示呢？”小明疑惑地问道。

“你别急，这是服装虚拟展示中重要的一步。接下来就要把这块面料穿到模特身上啦。我们可以通过两种方式模拟面料的效果。一种是纹理映射的方式。通过截图获得三维仿真得到的花形图案，作为单位纹理单元以图的形式贴到模型表面。”小红随之点击了一下鼠标，一个身着绿色长裙的模特出现在了屏幕上。“你看，这个方法可以用到各种款式展示中。但是这个方法有一个小缺点，贴上去的服装图案是平面的，还没实现彻底的三维化。”如图 3–7 所示，分别为卫衣与女装通过纹理映射方式实现的服装虚拟展示效果。

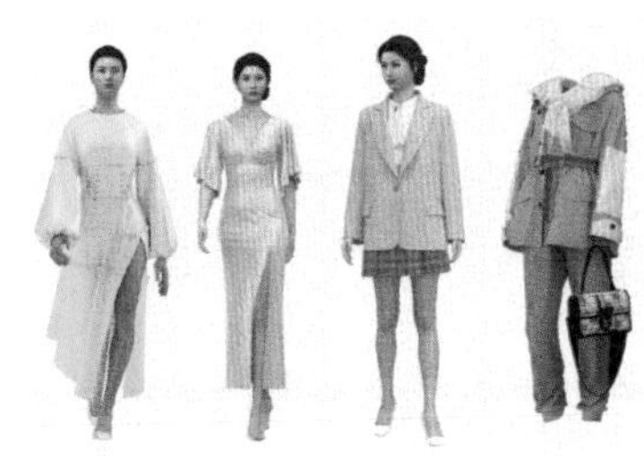

（a）卫衣　（b）女装

图 3-7　基于纹理映射的虚拟展示

“那另一种方法呢？能够优化这个小缺陷吗？”小明迫不及待地想了解另一种方法。

“诶，你问到点子上了。”小红会心一笑，“第二种方法啊，就是直接在空间进行纱线的绘制，形成一件服装。不过啊，这需要一点服装的知识了。在现有的服装软件比如 CLO3D 中制作服装模型。通过对设计工艺的分析，找准纱线在服装模型上的位置，同样地，结合实时图形渲染技术，利用管道几何体进行绘制。通过这个方法模拟的服装，不仅外形是立体的，连纱线也是立体的，放大后还能看到纱线之间的叠加、串套效果，可以说是真正的三维虚拟展示。”如图 3–8 所示，展示了通过线圈绘制方法形成的三维服装。

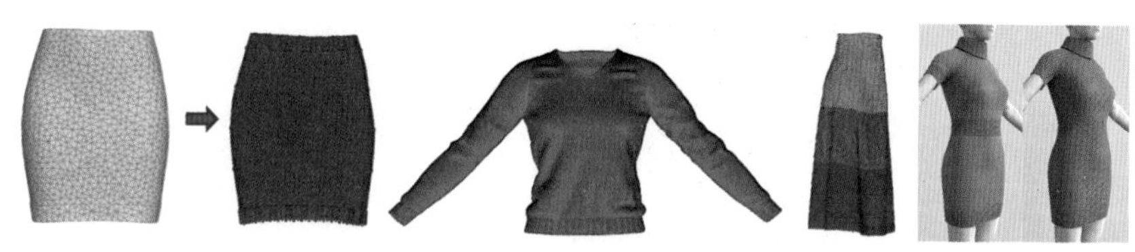

（a）包臀裙　　（b）全成形毛衣　　（c）半身裙　（d）全成形连衣裙

图 3-8　基于线圈绘制的虚拟展示

“这个功能好棒！我还能看到具体结构，修改工艺也更方便了。”听到这里，小明已经佩服得五体投地了。“那是只能模拟这一种服装吗？”

“当然不是了。”小红摇摇头。“服装的模型可以进行更换的。你看，这里有卫衣、泳衣、大衣等好多种模型（如图 3-9 所示）。你可以根据自己的需求选择。而且背景的场景、光线、配饰都可以按照喜好更换。这个服装虚拟展示功能可以在你设计时就能够看到面料的穿着效果了。而且我们只要点点鼠标就可以看到不同场景，如图 3-10 所示、不同角度的服装效果（图 3-11），还可以放大缩小查看面料细节和整体效果，操作起来也很简单（如图 3-12 所示）。”

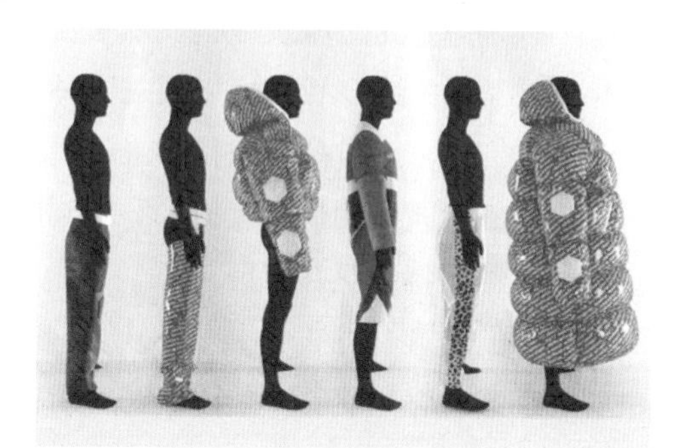

图 3-9　不同款式的服装展示

图 3-10　背景更换

图 3-11　多角度服装虚拟展示

图 3-12　设计操作图

“是啊，这样我就可以不用总是麻烦车间的工人帮忙织样布，节省了不少时间和原料呢。”说着小明就开始了服装虚拟展示的学习。

## 3.4　不辞辛苦的搬运工——现代纺织物流

工业机器人是面向工业领域的多关节机械手或多自由度的机器人，如图 3–13 所示，它由主体、驱动系统及控制系统三个基本部分组成，既可以接受人类指挥，也可以按照预先编排的程序运行，是一种自动执行工作的机器装置。而智能仓储物流系统则是一个利用工业机器人来进行物品的入库、分拣、运送、出库的智能系统。它最先被广泛应用在物流行业，如京东在上海的“亚洲一号”、天猫超市的“曹操”等，如图 3–14 所示。该系统在物联网技术的加持下，采用自动控制技术、智能信息管理技术、移动计算技术等，实现对库存数据的快速更新以及精确掌握，并且能够快速分拣移动。随着这一系统的普遍应用，纺织行业也紧跟时代潮流，智能仓储物流系统开始逐渐在本行业崭露头角，比如恒力集团生产化纤长丝的智能化生产车间，一整套的产品生产流水线以及存储运送全部由机器操作完成。

图 3–13　工业机器人

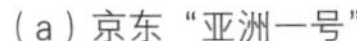

（a）京东“亚洲一号”

（b）天猫超市“曹操”

图 3–14　智能仓储物流的应用

在 A 公司的生产车间里，住着一位智能小秘书比尔，它是一套先进的智能仓储物流系统。与常人只有双手双脚不同的是，比尔拥有多只手臂，并且它没有腿，取而代之的是轮子。它的“大脑”与电脑以及工作人员手中的数据采集器（PDA）相连（如图 3-15），以便及时更新和读取信息。

图 3-15　数据采集器 PDA

工作开始了，车间管理李经理走到比尔的控制面板前，开始向比尔下达工作指令。随着流水线的运作，一根根粗细均匀的化纤长丝被生产出来，然后被卷入丝筒中，卷成一个个丝饼，并进行缠膜包装好后，进入了比尔的工作范围。比尔先是用它的“眼睛”扫描贴在货物上的条形码标签，如图 3-16 所示，读取这件货物的货源信息，包括纤维长丝的种类、生产日期等，并将这些信息输入到它的“大脑”中。顺带一提，在智能化的生产车间里，每一件货物的信息都被浓缩在这样一张小小的条形码标签中。有了它，接下来的仓储流程变得十分简单。信息读取完毕后，比尔通过分析计算，并与它原有的库位信息进行对比，根据货物的属性、包装、批号等分配仓库和库位，再由托盘和传送带运送到分配的库位。如图 3-17 所示，如此，入库完成。

图 3-16　条形码标签

图 3-17　自动入库

除了入库以外，比尔还能进行补货移库的操作。如图 3-18 所示，一旦仓库的存储量超过了之前预先设定的上下限，比尔就会发出警告，告诉李经理需要移货了，李经理看到后就会通过电脑中的系统将相应的货物定位移动，并修改相应的标签信息，然后向计算机系统发回数据。这样比尔就会接收到对应的信息，对相应仓库、相应货物的标签进行扫描后，它的“手臂”将货物移动到传送带上，再由传送带将货物移动到对应的目标仓库中，最终完成补货移货的操作。

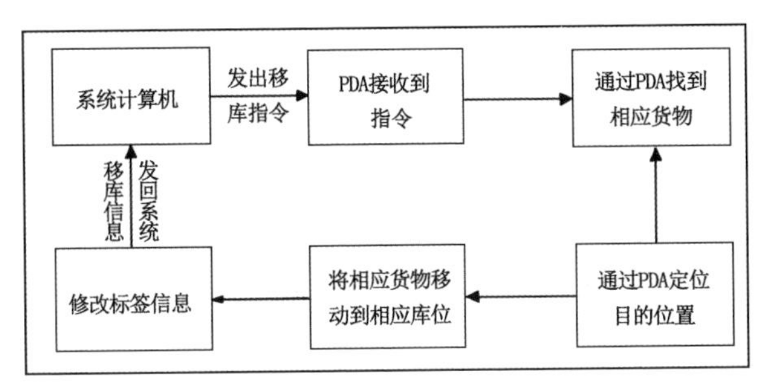


图 3-18　移库操作流程

你以为比尔只能做到这个地步吗？当然不！作为拥有“高智商”的机器人，比尔还能进行如图 3–19 所示的出库操作。“滴——”随着铃响，李经理的电脑上显示收到了新的订单。李经理将这一订单的相关信息在电脑上录入与比尔的“大脑”所相连的系统，与此同时，比尔马上便行动了起来。在极短的时间内，比尔对发给它的信息进行了识别，并告诉它的“手”和“脚”要从哪个仓库取出货物，要运送往何处。接收到信息的“手臂”立即从订单所需货物所在的仓库里取出对应数量的货物，放在早已等待在一旁的“脚”——运送车上。运送车接到货物后便按照既定的程序将货物从仓库送往出货的位置，等待下一步的信息复核以及打包贴标。

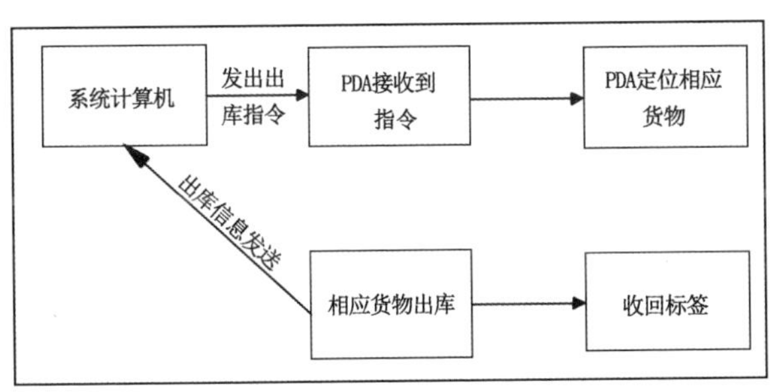


图 3-19　出库操作流程

此外，比尔还能进行盘库和自动报警的操作，如图 3–20 所示。比尔所在的仓库中货架都是智能货架，上面安装有固定式读写器，这些读写器对固定区域内的标签进行扫描后，将扫描后的数据传输到比尔的“大脑”中，接收到信息的比尔对自己的信息进行及时更新，以方便应对工作流程中货物的不断变动。而当仓库中的货物出现什么问题，如存放时间过久、库存量不足、订单长时间未处理等，比尔也会及时地提醒车间管理李经理，通过系统向他电脑上的监控界面发出警报，以让李经理做出下一步的指令处理这些特殊情况，从而保证整个系统的顺利运行。

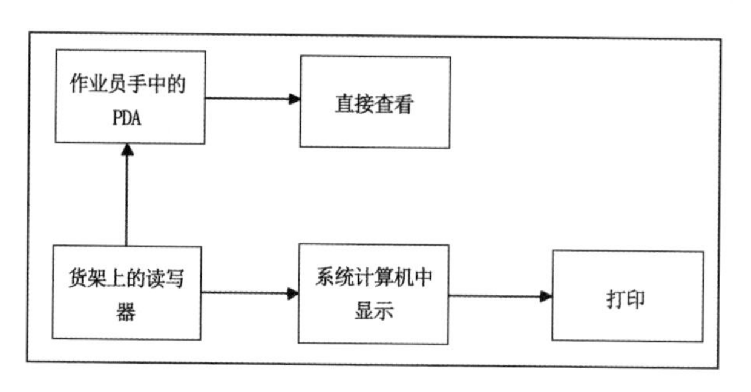


图 3-20　盘库流程

单看上面的流程，是否已经感受到智能仓储物流系统的强大之处了呢？值得一提的是，智能机器人“比尔”还拥有巨大的信息存储与计算能力，因此它可以控制许多“手臂”同时运作，使得以上流程同时进行。智能仓储物流系统的应用，不仅大大减少了人力的使用，而且避免了分拣出错等人为出错，大大提高了仓库存储物流的效率和准确度。未来，智能仓储物流系统将会在纺织行业运用更为普遍与广泛，甚至会成为工厂里必不可少的系统之一。

## 3.5　私人着装顾问——服装智能搭配

每天早晨醒来，蜷缩在温暖的被窝中就开始问自己“今天穿什么？”这可能是除了“今天吃什么”之外最让人头疼的问题了。小美是一名职场女性，她每天都想要美美哒，每天都想穿不同风格的衣服。但是每次打开衣橱，对着十几条相近颜色的牛仔裤，清一水儿的格子衫、T 恤、长长短短的裙子和外套不知所措，到底该怎样搭配？衣服又多又乱，想找哪件找不到，最后只能胡乱抓起套上一件出门。她每次路上看到穿搭漂亮的小姐姐，都会默默记下来，想着让这一套服装出现在自己的衣柜里。但是每当换季整理衣柜时，总会发现买了却从没穿过的衣服，或是一些过时的衣服配不上现在崭新的自己。大树是一位科研人员，他同样的衣服买七件，一天一换不带变，从不用纠结今天穿什么。一旦有人夸他衣服好看，狠狠心再买七件。小美和大树是社会上一类典型，他们都急需一名服装搭配师帮他们焕然一新。然而，一位专业的形象设计师在搭配服装时要考虑到被搭配人的体型、肤色、性格、生活习惯和职业特点等因素，因而要价不菲。而人工智能的出现，有希望让每个人都能拥有属于自己的服装搭配师，不再为“今天穿什么”而犯愁。

在时尚领域，大部分人没有足够的自信自创服装搭配，人们往往会参考身边人的穿着来搭配自己的服饰。然而，有时候身边的人的风格自己并不一定能驾驭，这个时候选取服装就成了一种困难。衣服多了，难免会有选择困难症。衣服少了，又被吐槽一成不变。穿衣服不知道如何搭配？人工智能来帮你。作为服装智能搭配师，如何判断客户的风格？如何找到适合客户的色彩？如何用视觉焦点完善顾客的身材比例？如何为客户提供购物服务？如何为客户打理衣橱？服装智能搭配师就是能把普通人变得不普通！

1 秒钟可以做什么？对于人类世界来说，稍纵即逝；对于人工智能而言，别有洞天。以人工智能算法作为时尚搭配推荐的新技术尝试，然而美学和服装搭配属于个人主观感受的范畴，而人工智能依靠的只有冰冷的数据，这中间的壁垒通过将服装元素进行数据化解构，将感受到的美学和潮流趋势进行数字化，融入数据模型中，通过不断地调整抓取顾客行为数据，进行不断地学习和训练，让数据变得更加“懂你”。

基于人工智能的服装搭配通过以人工智能视角完成对服饰认知体系的重构，为消费者提供个性化的搭配建议。服装智能搭配可记录用户穿每件衣服的频率，了解用户的穿衣风格，对衣橱里服装的偏好，并以此为基础，根据场合和天气推荐最合适的服装搭配（如图 3-21 所示），无须担忧季节变化无常，你会发现它将会是陪你走最久的暖心伙伴，天造地设，全心为你。此外，还可以同步个人信息和购买记录，根据购物偏好、体貌特征、购物记录再结合品牌的上新不定期地推荐一整套服装搭配，甚至还会附上与其体貌特征相仿的明星模特穿着图片，如图 3-22 所示。

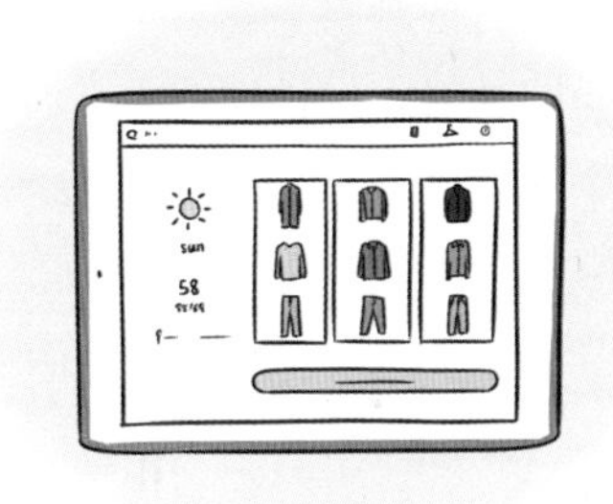

图 3-21　根据场合和天气推荐搭配

图 3-22　手机实时搭配

个性化正是人工智能最擅长的发挥空间。在接收到消费者的搭配需求后，会迅速在属性、颜色、风格、细节等维度进行匹配，找寻单品最适合的穿搭方式。基于AI算法的智能服装搭配推荐产品，它将服装行业感性的美学特征和消费者个性化的审美偏好进行量化解构，在对两者完成全面深度数字化后，借助人工智能算法能力对其专业匹配，从而实现消费者端的精准搭配推荐，为消费者提供真正的“决策力价值”。

此外，人工智能技术还可以对流行色进行预测。人工智能从庞大的图像数据库中抽取人像类照片，通过人脸检测与分析准确判断人物年龄区间，锁定不同年龄段人群，利用AI算法将人体和衣服从背景中分割，检测服装颜色，针对颜色进行分类统计，并利用淘宝、京东、唯品会等互联网销售大数据印证，从中判断中国年轻人的流行色，得到了属于中国95后的流行色“95度黑”，如图3-23所示。和常规的RGB值为0/0/0的黑色不同，这种RGB值为22/20/24的黑并不是太饱和，像95后的性格一样，带着一份酷酷的神秘感。

人工智能在服装搭配领域已经成为一种方便快捷的辅助工具，为越来越多的品牌、设计师和个人所接纳和使用，如图3-24所示。服装智能搭配不仅具有相似检索和品类推荐的功能，也能很好地帮助客户个性化搭配服装和配饰；还可以为搭配师提供无限的灵感，捕捉最新流行趋势，减少劳动量。换季愁搭配，你的私人服装智能搭配师懂你也懂美。

图3-23　流行色预测　　　　图3-24　服装智能搭配

## 3.6　配色专家——纺织品智能调色

视觉是人类感知外界事物的主要手段之一，对人类的生存与活动具有极为重要的意义。有研究表明，人类感知中至少有80%以上的外界信息是通过视觉获得的。其中，颜色又是视觉感知信息中极为主观又精密的组成部分。不同的颜色及搭配，可以使人产生不同的视觉感受，同时令人产生不同的美感感知与心理情绪。

在纺织服装产业中，纺织品作为具有重要视觉使用价值的核心市场产品，其颜色占据着举足轻重的地位。温尼伯大学的 Satyendra Singh 在其《颜色对市场的影响》一文中表明，颜色对产品销售会产生巨大影响，“人们在最初看到的 90 秒内就会对产品做出下意识的判断，而 62%~90% 的评估都是基于颜色做出的”。因此，能正确地使用颜色，并且能高效、精准地在供应链中传达颜色，对于纺织服装企业至关重要。

《中华人民共和国纺织行业标准：纺织颜色体系》（FZ/T 01099-2008）规定了我国纺织和服装行业应用的颜色体系，通过色相、明度、彩度三个参数表示一个颜色。其中，色相的基本色由 5 种主色（红、黄、绿、蓝、紫）和 5 种间色（黄红、黄绿、蓝绿、蓝紫、紫红）组成，分成了 160 个色相级；明度以理想黑色为 0，理想白色为 100，分成了 99 个明度级；彩度值用两位整数表示，00 表示没有彩度，从 01 开始依次递增，常规颜色的最高彩度可达 60 以上。由此，纺织颜色体系包含近 100 万种颜色，实物色卡共 3 500 个颜色。

那么，纺织颜色体系中包含着如此丰富的颜色种类，人们又该如何获得和使用它们呢？传统地，从纤维、纱线、织物、服装等不同的产品维度，大量的颜色加工与设计都依赖于技术人员的主观经验。为了获得目标颜色的产品，技术人员基于一些既定公式，结合自身生产经验，调制出各色染料的配比用以染色，调配各色纤维的配比用以纺纱，选用不同颜色的织物用以制衣。随着大数据与人工智能分析技术的不断发展，这样的经验性工作逐渐由专家系统所替代。

（1）染料调色专家系统

在纺织生产加工中，为了获得想要的颜色，最直接的方法就是使用染料对纤维、纱线、织物进行染色。但是，纺织染色过程十分复杂，染料、材料、机器、温度、助剂和时间都会影响最终的染色效果。工艺人员需要了解这些繁多的因素对染色效果的影响，再结合自身的生产经验，配置合适的染色工艺，并经过反复试验，得到最终的方案。如图 3-25 所示，这个繁复的过程直接导致了时间、人力、物力的巨大消耗。

图 3-25　繁复的人工配色方案

为此，人们发明了染料配色专家系统，它可以从工厂生产的历史工艺中，学习各种因素与染色结果之间的关系，自动为工艺人员制订合适的生产工艺方案。工艺人员只需告诉专家系统自己想要的颜色，提供相应的生产条件即可。染料配色专家系统可以有效地帮助企业提高生产方案的制定效率，缩短对市场变化的响应时间，节约人力、物力、管理成本，已经成为新时代智能化工厂中必不可少的组成部分。

（2）纤维混色专家系统

在多色纤维混纺纱的加工领域中，人们采用一些基础颜色（如红、黄、蓝、白、黑等）的纤维，设计特定的混合比例，将它们混合纺纱，生产出各种颜色的纱线。如图 3-26 所示，我们看到的纱线具有不同深浅的灰色，它们其实都是由相同的黑色与白色纤维混合生产而成，仅仅是混合比例不同而已。为了得到想要的颜色，传统配色方法采用人工打样的方式进行，即通过反复调整纤维混合比例，制作小样产品与目标颜色比对的方式完成配色。

图 3-26　不同深浅的灰色纱线

纤维混色专家系统的诞生替代了这种繁复的经验性劳动。依赖大数据与人工智能技术，专家系统学习了数以十万计的混色配方。操作员只需输入想要的颜色，或者想要生产的纱线样品图片，并告知专家系统可以使用的纤维颜色种类，即可在几秒钟内得到专家系统自动制订的混色方案。极大地避免了反复打样、人员经验依赖、人员视觉疲劳等问题。

（3）服装流行色趋势分析系统

在服装设计与生产中，大型服装品牌每季要输出几十乃至上百的颜色，每年总共要输出多达数百乃至上千的颜色。如何合理地选择不同颜色使用方案，直接影响着企业的产品销量与效益，这是一个“猜测”消费者心理需求的过程，要求设计师能够对流行趋势具有准确的判断。由此，企业对设计师个人技术水平的依赖度也非常之高。但每一季度的设计效果，只能用实践来检验，这就将企业置身于较大的风险之中。

为此，流行色趋势分析系统应运而生，它可以从海量的市场数据中分析出不同品牌、不同用户、不同产品的颜色流行趋势，为设计师提供颜色使用建议方案。这样的分析建议基于极为庞大的数据，可以有效地将设计师从耗时费力且效率低下的基础市场调研中解放出来，使他们得以更专注于产品设计本身。因此，流行色趋势分析系统已经成了现代化智能服装企业的核心技术之一。

在如今，大数据与人工智能技术具有高效处理庞大数据的能力，且能够有效地学习大量数据中的内在知识。这使得它们天然地适应于纺织品颜色领域，可以有效处理、学习其中蕴含的海量数据信息与经验知识，在替代繁复的人力劳动与知识经验中，发挥至关重要的作用。

## 3.7 一气呵成——喷气涡流纺技术

自古以来，布料就是人们日常生产生活中不可或缺的一大类材料，在纺织领域，我们称之为“织物”。最初，人类用以制造织物的原始材料是来自自然界的天然纤维，如棉花中的棉纤维、麻类植物茎秆中的麻纤维、构成动物毛发的毛纤维、蚕造茧所吐出的丝纤维等。从它们的长度来看，棉纤维、麻纤维、毛纤维都较短，我们称之为“短纤维”。这些短纤维通常杂乱无章、松散成团，那它们又是怎么样加工成我们日常所见的织物的呢？为了更好地对纤维进行操作，人们将短纤维收集起来后，把它们梳理平行，通过搓捻的方式，制作成一种细长的、牢固的纤维束中间产物，这便是“纱线”。

手工进行纺纱是非常低效且枯燥的，随着工业技术的不断发展，出现了一种称为“环锭纺”的自动纺纱技术，并沿用至今。环锭纺纱线的加工工序非常多，从短纤维原料开始，一直到制成大卷装的筒子纱线，通常需要经过开松除杂、梳理、并条、粗纱、细纱、络筒等工序。其中，在并条工序之后，短纤维形成均匀的、平行排列的、较粗的“条子”形式。条子很粗，由大量纤维平行排列在一起聚集而成，但它们还没有抱合在一起，需要进一步的“牵伸”将条子拉细，“加捻”将纤维拧结在一起，才能形成足够细、足够牢的纱线。在传统的环锭纺中，条子需要继续经粗纱、细纱、络筒等工序，逐步被加工成如图 3-27 所示的粗纱、管纱、筒子纱。这个过程需要三个工艺流程，运作复杂度很高，且效率较低。

既然条子需要的仅仅是进一步的“牵伸”与“加捻”，为什么不能使用旋转喷射的气流来替代机械操作，避免环锭纺这种低效复杂的工艺流程呢？在这种思维的启发下，人们发明了喷气涡流纺技术，借助特殊的机械装置以及气流的力量，将条子直接加工成大卷装的筒子纱。

（a）条子

（b）粗纱

（c）管纱

（d）筒子纱

图 3-27　环锭纺加工流程中的各阶段产品

如图 3-28 所示为喷气涡流纺的原理示意图，它将条子加工成筒子纱的过程如下：条子被送入喷气涡流纺纱机后，先被一个牵伸单元处理，这个牵伸单元可以拉伸条子，并使条子中的纤维变得更加松散；纤维被拉伸并松散后，由牵伸单元送出，这时候的纤维被称为“自由端纤维”；自由端纤维被一股向下气流吸入一个纤维通道，同时受到一股旋转的气流吹动，绕着通道外围旋转；由此，进入通道内的纤维就获得了加捻，形成了纱线；最后形成的纱线从纤维通道送出，卷绕形成筒子纱。

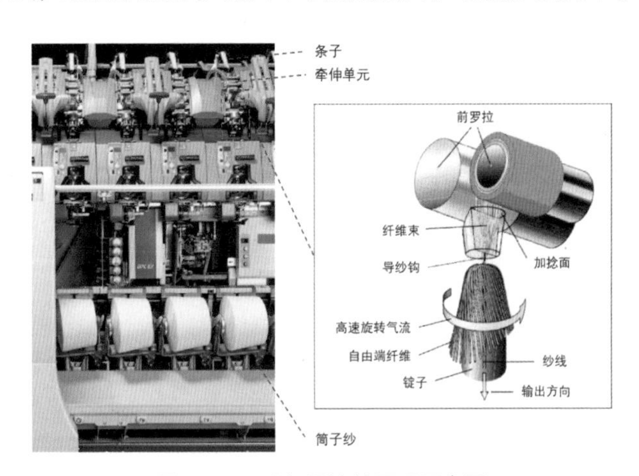


图 3-28　喷气涡流纺原理示意图

与传统的环锭纺纱相比较，喷气涡流纺纱主要有以下几个特点。

（1）工艺流程短，纺纱效率高

在前文中提到过，若使用环锭纺的纺纱方式，纤维经过并条工序后形成均匀的、排列较为整齐的棉条，还需要经过粗纱工序、环锭纺纱工序及络筒工序才被加工成为织造所需的筒子纱。工艺流程长，用工人数多，且各工序间需要搬运半成品，对生产管理造成了很多不便。

而喷气涡流纺纱化繁为简，将粗纱、细纱、络筒工序合而为一，并条后的棉条直接牵伸、加捻、卷绕，形成筒子纱供后续织造使用。这一方式缩短了纺纱流程，提高了生产效率（每锭产量相当于环锭纺的22倍左右）；减少了占用厂房面积，减少用工数和纺织工人的工作量，减少能耗（节约30%左右的能源），物料消耗与维修工作量也减少了。

（2）纺纱机自控程度高

整个纺纱过程受到电子系统的监控，它配备的电子清纱器能够像监控器一样，实时发现纱线中的瑕疵，并自动切除瑕疵部分，同时应用自动接头装置将纱接起来。因此整个纺纱过程是全自动、连续式。此外，每个锭子的纱都受到自动接头器的监控，如有异常，可实现单锭自动停止纺纱。因而，就不需要纺纱工人不停地巡视，只需检测断头报警装置，即可及时处理断头问题，减少了工人的重复劳动，提高了生产效率。

（3）生产的纱线质量好

纺纱质量对比，已有很多研究者做过对比研究。总的来说，喷气涡流纺的纱线瑕疵较少，品质较稳定，从纱线表面伸出的纤维也较少，再加上其独特的内外结构特征，织成织物后，织物的抗起毛、起球性能好，吸湿、透气性能佳，是服饰、家纺产品理想的织物原料。

## 3.8 精确制导——自动穿经机

穿经是机织物的织造准备工序之一，它的主要工作是将平行排列的经纱一根一根地，按照产品工艺的需要，依次穿入停经片、综眼、钢筘中，如图3–29（a）所示，展示了在织机上经纱穿过停经片、综丝、钢筘的过程。其中，停经片通常是一个薄薄的金属片，每一根经纱对应一片，用来感应织造过程中经纱是否断了。综丝是一根一根平行排列在综框中间的细长条状金属，织机上通常具有两片以上的综框，从而通过抬升与下沉运动，将经纱分为上下两层，为纬纱穿过提供条件，综丝中间具有一个小孔，这便是综眼。钢筘是平行排列的梳状金属片，用来打实穿入经纱之间的纬纱，控制织物的宽度、经纱的排列密度。穿经过程中，对于每一根经纱，首先要穿过停经片上的小孔，然后穿过综眼，最后穿入钢筘的梳片空隙（筘隙）之中，如图3–29（b）所示。这个过程必须依据产品的工艺严格操作，穿错综眼或穿错筘隙，都将导致产品结构出错。

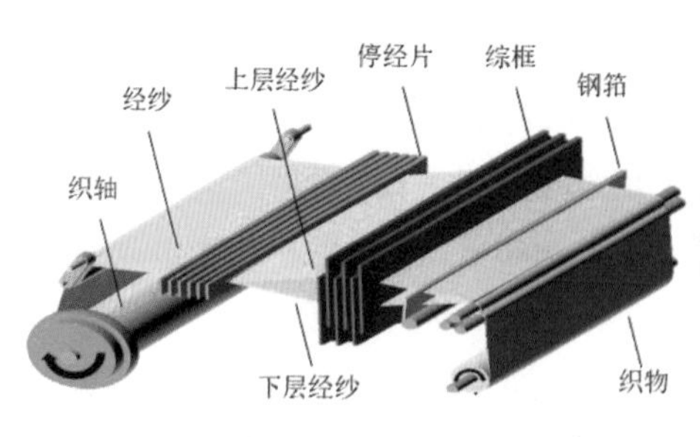

（a）经纱在织机上的路径结构

（b）经纱穿过综眼与钢筘

图 3-29　穿经工作示意图

目前纺织企业大部分穿经工作是由人工完成。如图 3-30 所示，工人在穿经时用穿纱钩从左到右，按工艺单规定的顺序，将穿纱钩穿过综丝眼和停经片，再按经纱花形、颜色排列选纱，用穿纱钩钩住经纱，将经纱从停经片和综丝眼中拉出；再用插筘刀把经纱插入筘齿，每一根都不能穿错。在穿经过程中，一旦其中某一根经纱穿入了错误的综丝，则会产生错综，将导致严重的产品组织错误，这便是人们常说的“错综复杂”。如果错综没有被及时发现，那么就需要将错综位置以后穿好的经纱全部退出重新穿经，其工作量之巨大令人望而生畏。

图 3-30　人工穿经

人工穿经主要存在以下缺点：

①穿错率高：一个经轴中包含经纱的根数很多，且非常细滑，要将它们按一定的规律手工穿过对应的综丝及钢筘筘缝，且一根都不能穿错，难度很大，因而穿错率高。

②效率低下：以某经轴中包含 10 000 根经纱为例，一个熟练操作工完成整个穿综、穿筘，至少需要 6~8 h，前道工序往往跟不上后道织布机进度的需要，因而效率低下。

③劳动强度大：由于一个经轴中包含的经纱数量很多，要将它们按一定的规律对应穿过每根综丝及钢筘筘缝，一根都不能穿错，这就需要操作工长时间保持注意力高度集中，思维清晰，动作协调，因而精神高度紧张，工作异常辛苦，身心疲劳。

因此，传统手动穿经早已不能满足现代纺织企业小批量、多品种、高难度、交期短的发展趋势。随着 20 世纪七八十年代集成电路与计算机的迅猛发展，全自动穿经机应运而生。自动穿经机采用机器视觉技术对钢筘位置和宽度信息进行识别，实现精准定位；同时利用张力传感器实时监测纱线张力变化，控制系统通过纱线张力变化实现单双纱识别；运用总线式伺服控制技术使设备运行更加稳定可靠；结合人性化交互技术，通过人机界面实现系统参数的输入、综丝花形的配制、故障诊断及报警等，实时监控系统的运行状态，界面友好，操作方便。

自 20 世纪 90 年代起，以史陶比尔（Stäubli）公司为代表推出了全自动穿经机，采用一只穿经剑一次性完成单根纱的全部控制，如图 3-31（a）所示为 Stäubli 先进的 SAFIR S40 型自动穿经机，其穿经速度可达 100~165 根 / 分钟，可适应 8~12 组综框。此外，还有如图 3-31（b）所示的德国的 Groz-Beckert（格罗茨—贝克特）公司研发的 WarpMaster 自动穿经机，具有极佳的灵活性，可以在无织轴的情况下，直接从纱筒引入经纱。我国科研人员经过不懈努力，第一台自主研发国产自动穿经机永旭晟 YXS-A 于 2017 年正式推向市场（如图 3-31（c）所示），该机型采用模块设计，用户可根据需求自行配置，速度达 100~150 根 / 分钟，现已在多家公司成熟使用。

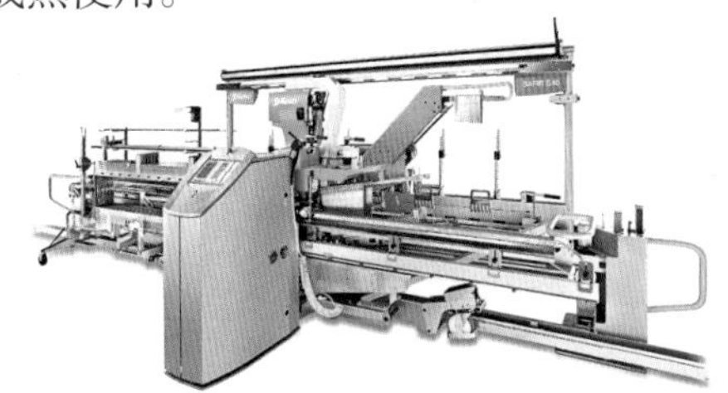

（a）史陶比尔 SAFIR S40 型自动穿经机

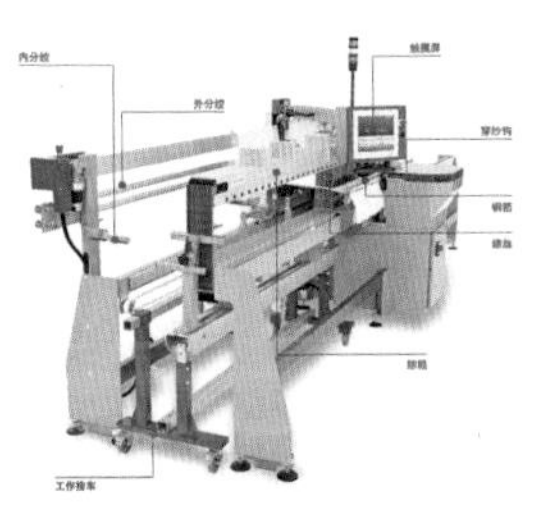

（b）格罗茨—贝克特 WarpMaster 自动穿经机

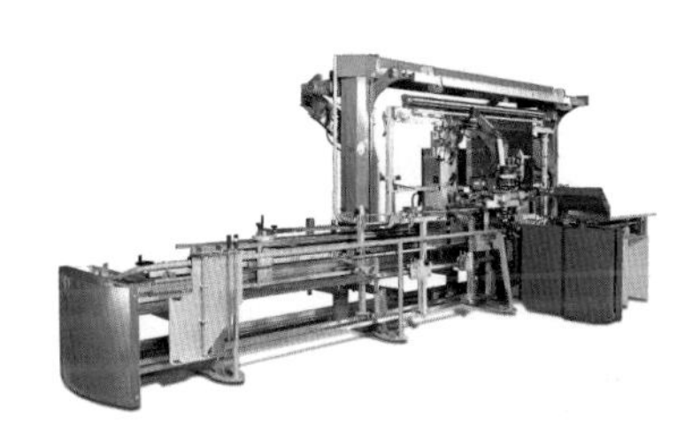

（c）永旭晟 YXS-A 型自动穿经机

图 3-31　自动穿经机

综合而言，自动穿经机的出现为纺织企业带来了诸多益处。

（1）提高生产效率

穿经机是由计算机控制的，计算机控制使得机械运动更加精确，替代了人工劳动，也使得效率进一步提高。

（2）降低劳动成本

在一个生产周期里，经纱头及停经片可以通过穿经机自动地选择并对准，工人只需要通过显示屏对自动穿经机进行控制，劳动量大大地减少。

（3）提高产品质量

采用智能识别技术，在穿经过程中由光电传感器检测每一对纱的情况，可将错穿或纱疵检测出来；在出错时能够及时自动预警，极大地减少了由穿经导致的布料瑕疵，有效地提高了产品的生产质量。

（4）融入智能工厂车间

车间的智能化管理需要通过网络及软件管理系统把数控自动化设备（含生产设备、检测设备、运输设备、机器人等所有设备）连接起来实现互联互通，达到感知状态（生产状况、原材料、人员、设备、生产工艺、环境安全等信息），通过对实时数据的分析，实现自动决策和精确执行命令的智能化精益管理车间。自动穿经机的高度自动化、信息实时采集能力、运行纠偏能力，可以有效地融入智能化车间管理中，为之提供有效的数据支撑以及精准的操作手段。

自动穿经机实现了穿综、穿筘的全自动化，促进了织造全自动化的发展，对于纺织的智能制造具有重要的推动作用。在未来的发展中，穿经机的自动化、智能化水平将进一步提高，机械的控制将更精确，车速和产量也将进一步增长；同时也将更加节能环保，能耗水平进一步降低，排放更小。

## 3.9 织机中的“战斗机”——喷气织机

我们所使用的纺织品面料中，由经纱、纬纱按一定规律交织形成的面料称为机织面料，如常见的牛仔面料、衬衫面料和西服面料等。为了织造这种面料，传统地，人们将一组纱线平行排列，并依次穿入不同组综丝中，这组纱线称之为“经纱”。每一组综丝都会受到综框的控制，分别升降，从而使得平行排列的经纱被分为上下两个部分。继而，人们需要操作一个储存了纱线（纬纱）的梭子，如图 3-32（a）所示，将它穿过上下两部分经纱中间引纬，并用筘将它打实，使得经纱、纬纱产生交织，形成面料。所以机织面料又称为梭织面料。图 3-32（b）所示为操作者将梭子穿过上下两部分经纱的过程。

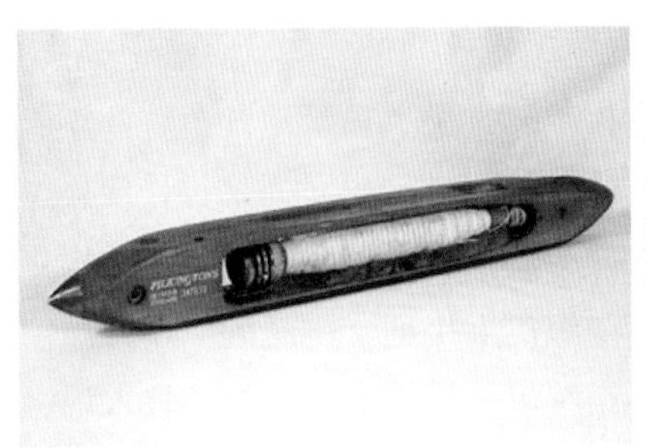

（a）木制梭子

（b）有梭织造

图 3-32　木制梭子及有梭织造过程

随着工业技术的不断发展，早在 20 世纪初，上述织造过程已经可以完全由机器自动化实现。但是梭子的体积大、分量重，需要在两层经纱之间反复投射，导致机器振动大、噪音高、运转效率低下。同时因为梭子的尺寸限制，其存储纬纱的长度有限，需要频繁地执行启动、停机、换梭等操作，这就导致生产工人较高的劳动强度。

既然梭织机的缺点与梭子有着密不可分的关系，那能不能不使用梭子而采用其他方式引纬进行织造呢？于是，由新型引纬器（或引纬介质）直接从固定筒子上将纬纱引入梭口的织机应运而生，替代了梭子，因此被称为无梭织机。无梭织机以其分量轻、振动小、噪音低、车速快、效率高等优点，迅速占领了织机市场。

喷气织机作为典型的无梭织机，其采用喷射气流牵引纬纱穿越梭口，是运转速度最高的无梭织机，可谓是织机中的“战斗机”。喷气织机利用空气替代了梭子的工作，最大特点是车速快、劳动生产率高。

在众多的无梭织机中，喷气织机具有高速、高效、高产、高质、低噪、低震、自动化程度高等性能优点。随着技术的进步和完善，无论是在织机车速、幅宽、品种适应性，还是在自动化程度等方面都有了长足的进步。

（1）速度快、效率高

织机的速度通常用每分钟主轴转速来表示，也就是织机每分钟的引纬次数。有梭织机的机速受到织机机型、开口机构类型、织物经纬纱线的物理性质、织物组织、幅宽等因素的影响，最高可达 200 r/min。在无梭织机中，采用刚性或挠性的剑杆头、带来夹持、导引纬纱的剑杆织机的机速在 300~500 r/min。比较而言，喷气织机在近年的展会中，实际机速可达 1 200 r/min 以上，即使是结构复杂的毛巾织物，也能达到 1 000 r/min，是速度最快的无梭织机，可以达到有梭织机的 5 倍以上。

（2）操作便捷

相比于有梭织机，喷气织机没有梭子，省去了频繁地开车、停车、换梭等动作，不仅产品疵点少、质量高，而且生产工艺简单、操作便捷、自动化程度高，降低了用工量和工人的劳动强度，提高了设备的结构稳定性与易操作性。智能制造技术在喷气织机上得到了广泛的应用，如宏观的织机管理系统、网络大数据支持系统以及微观的自动补纬技术等，能够有效地提高生产效率，节省劳动用工，车间管理也更为便捷。

（3）系统智能化程度高

喷气织机因其机构的革新而具有操作便捷、生产自动化程度高的特点，更便于搭载智能织造技术，以实施生产实时监控与反馈，提高生产系统整体的智能化程度。以丰田公司的织造支援系统（WAS）和工厂管理系统（FACT）为例，WAS 系统在本地机台上对织机运行状况进行监控，对纬纱运行情况和织机能耗进行实时检测，通过运用报警功能或停机等方法对疵布的生产防患于未然。FACT 以丰田监控系统为基础，不仅包含过去的轮班报告和停车原因分析图表，还可以模拟显示工厂实际的机台排列平面图，通过各种路径显示机台的运行状况，从而对生产性能、产品品质、空气消耗量等进行便捷地管理。两者结合使用，提高生产系统的自动化程度。

在织机速度、品种适应性、节能降耗和自动化程度高等方面所展现的优势，使得喷气织机脱颖而出，目前已经在众多面料织造领域成功应用，广泛应用于产业用布、薄纱、安全气囊、传输带、汽车和飞机的座椅装饰布、服用精纺毛料、薄埃及棉提花贡缎、功能性面料、运动类面料以及装饰用家纺织物等。随着品种适应性的提高、织机结构的优化、加工精度的提升、电子和微电子技术的发展，喷气织机成为最具发展前景的新型织机之一。搭配智能织造技术、网络大数据技术和质量监控技术，构建"智慧工厂"，实现生产的数字化、智能化，为喷气织机注入了新的活力，更加突显了喷气织机的优势。喷气织机将在技术的发展和革新中取长补短，在织造领域继续高歌猛进、独领风骚。

## 3.10 按图索骥——面料检索系统

在纺织企业的订单加工中，有一种方式称为"来样加工"。纺织行业面料订单中的大部分都是以这种形式下单的，它的流程大致为：客户提供样布，生产企业分析样布结构及工艺参数，查询历史相关品种生产资料，重复制造小样品（打小样）进行对比，最终进行批量生产，交付订单。

在这个过程中，从历史生产的样品库中，查询相关、相似产品是非常劳时费力的工作。传统方式是采用人工对比的方式，如图 3-33 所示，这种方式需要企业储存和管理大量的产品样布，随着生产产品的积累，查询工作会越来越艰辛，而且面料会随着储存时间推移出现褪色等现象。这种方式管理历史产品效率低下，而且主观性强。

图 3-33　人工面料检索

随着大数据及计算机视觉技术的不断发展，图像检索技术已经在各行各业得到了广泛的应用，如我们日常在网购平台中使用的拍照搜索商品以及在搜索网站中使用的“以图搜图”。充分利用各种图像处理技术建立高效而且准确的面料产品检索系统，能够克服传统面料检索耗时费力、主观性强、检索方式单一以及检索效率低下的缺点，还可以提高纺织企业的自动化程度，也能拓展纺织企业中电子商务的应用。

在操作过程中，面料图像检索系统通过接受用户输入的面料图片，然后提取面料图像的数学特征作为面料索引，并与面料库中数据进行相似度对比，输出相应面料。图 3-34 展示了一套面料图像检索系统在海量图像数据中的检索结果。除此之外，系统还可以根据用户反馈的信息自动调节参数，不断地进行自我优化。面料检索系统能够利用图像检索新技术，以面料图片为媒介，建立图像和产品之间的桥梁，提供快速准确而且客观的面料检索方法。

图 3-34　面料图像检索实例

从纺织行业的应用场景来看，建立精确的面料检索系统，及时准确地获取已有面料的工艺参数用于指导生产，可以节省大量的人力物力，实现生产快速反应，缩短生产周期。与时下的“互联网 + 技术”相连接，还将产生产品远程下单、虚拟展示等未来系列应用场景。

（1）助力企业高效响应

当客户来样时，采集面料图像输入面料检索系统，搜索相关面料，减少了分析工艺参数和反复打样等复杂流程的时间和劳动力消耗，从而提高了企业的产品响应时间。相比于人工查找，还避免了人的主观性对查找结果的影响，特别对于历史生产产品较多的企业，更是极大地减少了检索时间。

（2）释放存储空间

目前，很多企业对于历史生产产品的储存采取实样存储的方式，即裁剪固定大小的面料贴上标签并将其储存在面料样品仓库，以供人工比对和查找。此方法需要企业专门配备相应人员对样品仓库进行管理。而利用面料图像检索技术不仅可以节省面料管理支出，而且可以减少库存样品的储存空间。另外，面料会随着储存时间的变长而出现褪色、老化等现象，会造成历史生产经验丢失，面料检索系统采用数字化储存面料图像的方法成功地解决了此类问题。

（3）协同互联网 + 智能运转

将面料检索技术嫁接到企业的产品互联网管理平台，可以极大地提高企业的产品数字化和自动化水平，减少企业对实体样本的依赖。销售人员在外洽谈业务时，无须带着面料样品，只需要登录系统，就能向客户展示企业的产品库。将产品库开放给客户，客户只需输入面料图片，就能找到相关产品的详细信息和仓库余存，从而完成远程下单，减少了和客户交流中出现的偏差，从而消除客户和企业之间的沟通壁垒。

（4）服务智慧工厂宏观调度

面料图像检索技术搭配企业面料管理系统和生产管理系统，关联面料及其工艺参数、订单数据以及生产状态，能够完成对企业面料产品的智能化管理。通过分析实时生产数据与订单数量，可以实现对产品生产难度、生产周期的预测，从而指导企业有效地调度生产资源。

面料检索技术可以单独组建系统完成企业的面料查找任务，也可以配合智能制造工厂中其他数字化模块实现更高的价值。从长远看来，具有一定规模的面料加工企业都将对这一新兴技术产生极大的依赖，同时面料检索技术也将是未来智能纺织厂不可或缺的重要构成部分，具有非常广阔的发展前景。

## 3.11 飞檐走壁——行走在云端的衣架

在现今服装工业中，消费市场需求由大批量、单一品种向小批量、多品种的方向发展，企业常常需要同时生产很多不同款式的衣服，这就对服装企业的高效化生产和空间的合理化分配提出了更高的要求。

在服装生产流水线中，布料首先按照不同款式的要求，被裁剪成形状各异的裁片。在裁片从一道工序传输至下道工序的过程中，需要把裁片分门别类，相互匹配，运送至下一个工序。采用人工进行布料和裁片的捆包和搬运的工作，需要运送员时刻了解不同产品所需的裁片，并收集捆包，人工搬运。当同时加工的服装款式很多时，这样的工作就变得极为繁复，不仅浪费时间，消耗人力，占用较大的生产空间，破坏生产环境，且在搬运和捆包的过程中易造成布料和裁片的折皱和丢失。

图 3-35　服装吊挂系统应用实例

为了实现高效化生产和合理化空间分配，服装吊挂系统应运而生。服装吊挂系统是一整套自动化设备，也称柔性生产系统或灵活生产系统（FMS）。基本构成为一套悬空的物件传输系统，由人工智能技术宏观操控，可谓是“飞檐走壁”的生产资料。能够按照实际生产需要，自动将衣片、半成品及成衣输送至指定工位，如图 3-35 所示为一套服装吊挂系统的应用实例，吊挂系统由主轨道、接收轨道和回收轨道组成。

服装吊挂系统的使用深入到服装生产企业的各个部门节点，辅助统筹规划整个企业的运转结构，为服装生产企业带来了广泛而巨大的价值，体现在车间管理、物料管理、生产效率、计划保障等各个方面。

（1）监控生产动态

服装吊挂系统通过计算机可为管理者提供每个工作站、吊架、品种及员工的实时生产状况，追踪目标产量，显示生产进度，形成综合报表以便管理人员实时掌握生产动态并及时做出调度及调整。吊挂系统可以根据工人对于生产工艺的熟练程度自动调节工作站内布料或裁片的存量，若布料或裁片在某工位上停留时间过长，则可通过系统控制，将布料和裁片传输至空闲工位，从而及时解决局部生产滞后的问题，实现生产线的合理再分配。

（2）提高生产效率

在实际的服装加工生产过程中，80% 的工作量来自布料或裁片的捆包、搬运及拆卸等辅助工作。通过服装吊挂系统可自动将布料及裁片运送至指定的工位，省去了烦琐的人工辅助工作，节省了人力，缩短了时间成本，提高了生产效率。同时，吊挂线可以自由伸缩，自由组合，通过计算机控制实现加工件的自由传输，工位的独立生产和产品的更换。因此，在同一吊挂线上可以同时进行不同款式和工艺的服装的生产加工，大大提升总体生产效率。

（3）便于产品检验

裁片及半成品悬挂于吊挂系统上，有利于质检人员检测质量，在发现疵品后，将该吊架送到产品检验工作站，既能避免返修时拆除多道后置工序的麻烦，又可阻止同样的疵点连续发生，也不会造成返修后产量的统计错误。

（4）美化车间环境

吊挂系统不占用车间的地面空间，节省了车间面积，且有效地避免了布料或裁片散乱堆积于地面的现象。此外，吊挂系统杜绝了布料或裁片放置于地面上的玷污现象，减少了后道工序的整理工作量。

目前，国内多家服装企业的生产车间已经实现服装吊挂系统的落户及投产。作为首个引进衬衫吊挂系统的国内服装制造企业，雅戈尔集团于 1999 年投资 1 000 万元从欧洲引进了衬衫吊挂流水线，该衬衫吊挂系统的应用能强化管理质量并使生产效率提高 30%~40%。雅戈尔引进的吊挂系统，仅在车缝环节就简化了许多非生产性的动作及裁片搬运，使衬衫生产工效大幅提高，车间管理人员坐在电脑前就能了解整个车间至某个生产细节的情况，实时调控掌握。一个衬衫车间在试生产期间的日产量由原来的 1 600 件左右上升为 2 000 件以上。目前，雅戈尔现有衬衫生产线的一半已配备了上述衬衫吊挂系统。

## 3.12　防护品单打冠军——口罩智能生产线

口罩作为一种医疗卫生用品具有着悠久的历史，它能够极大程度地防止病菌通过空气传播。最初口罩专门服务于医护人员，而一个世纪前

“西班牙流感”的爆发，让人们深刻意识到口罩对于疫情控制的重要性，并第一次开始向公众广泛普及。

2020年年初，“新冠肺炎”肆虐全球，可以说，在疫情初期，全球范围内一“罩”难求。这一问题的主要原因无外乎三点，生产力、物流和人心。而第一点，也是最根本的问题，与我们纺织行业息息相关。作为一类医疗卫生用品，口罩的生产与一般的纺织生产有着很大的区别，有着更高的行业标准。其最核心的一点在于，口罩的生产需要清洁无污染的环境。如何进行消毒灭菌，生产无污染的合格口罩是一个极大的门槛。这涉及工人的培训、无菌环境的搭建、日常消毒以及产品质量把控等各方面的问题。如图3-36所示，人工制作口罩操作繁复，在长时间的重复劳动下，制造工人非常容易疲劳，且容易产生操作失误，令产品质量稳定性下降。同时传统人工方法制作口罩效率低下，生产力不足，难以弥补疫情期间市场对口罩的需求。

图3-36　人工口罩生产线

早在疫情之初，航空工业集团、中国船舶集团、兵器工业集团、中国电子科技集团、中国机械工业集团和通用技术集团共计6家中央企业临危受命，开展口罩机、压条机等联合研制攻关，在短短十几天内就上马了平面口罩机11个型号，立体口罩机6个型号，并初步具备日产平面口罩机25~30台、立体口罩机3~5台的产能。

相较于传统人工口罩生产而言，除去机械自动化部分，口罩智能生产线最大的特点和难点在于如何对传统的效率较低的缝纫技术进行升级。这其中便用到了超声波焊接技术，该技术将高频振动波传递到两个需焊接的物体表面，在加压的情况下，使两个物体表面相互摩擦而形成分子层之间的熔合。口罩上面随处可以看到一些压痕，都是超声焊接的痕迹。在口罩的生产过程中，我们所了解的全塑鼻梁条焊接、折边后焊接、呼吸阀焊接、多层滚焊、耳带焊接，这些其实都是通过超声焊接工艺来完成的。值得一提的是，面对这一挑战，中国电子科技集团在48小时内就完成了首批10台超声波焊机电源整机联调；中国船舶集团生产了超声波焊机 340 余套。在耳带连接部分，由于舒适性的原因，传统的耳带材料被弹性无纺布取代，而超声波焊接法也由更为适合和成熟的热压法取代。

自此，国产全自动的口罩智能生产线应运而生。作为疫情期间口罩生产问题的成功解决方案。口罩智能生产线可以在最大限度减少产品与工人接触的情况下，完成从送料、加工、成型、质量检测、灭菌到包装的过程。相较于传统的生产方式而言，不仅降低了产品被污染的可能性，同时大大提升了生产效率，可以达到每秒生产两至三只口罩的水平。口罩智能生产线一般根据不同的生产需要由不同的设备组合而成。无论是杯型口罩、折叠口罩还是平面口罩均有相对应的智能生产线。口罩智能生产线的出现，大大缓解了疫情期间口罩的供应压力，为世界的抗疫事业做出了巨大的贡献。

## 3.13 随心所欲——服装服饰 3D 打印

3D 打印又称增材制造或逆向工程，它是一种以计算机辅助设计、材料加工与成型技术为基础，通过软件与数控系统将专用的金属材料、非金属材料以及医用生物材料，按照挤压、烧结、熔融、光固化、喷射等方式逐层堆积，制造出实体物品的制造技术。与传统对原料进行切削组装的加工模式不同，它是一种逆向叠加、累加材料的制造方法。因此，它能够实现许多传统制造方法难以加工生产的复杂结构的制造。如图 3-37 所示即为一个结构较为复杂的工件，通过 3D 打印技术轻松地制造出来。

图 3-37　3D 打印技术应用示例

目前 3D 打印技术已在工业制造、建筑工程、航空航天及医疗卫生等领域得到广泛应用。那么，有没有可能使用 3D 打印技术，直接打印出纺织品呢？如果采用 3D 打印技术实现纺织品的制造，是否就可以成功避免传统纺织繁多而又复杂的工序呢？对此，许多前沿研究者提出了肯定的观点。

（1）织物的 3D 打印

三维立体织物是一种具有三维空间结构的织物，这种结构的立体织物具有典型的经、纬以外方向分布的纤维分布结构，其力学性能分布更加均匀，且可根据实际应用需要定制化设计。传统的三维立体织物是在机织、针织等二维织造方法的基础上改良生产而成的，最简单的便是在织物厚度方向增加一组纱线的织入。但这类制造方法对织机结构设计要求较高，对产品中纱线布置方向的控制能力不强。

因此，人们提出采用 3D 打印技术生产三维立体织物，借助其一体加工成型的特点，既避免了复杂的机械工程设计，又可以做到“所想即所得”。如此生产出来的三维立体织物能够灵活地适应于各种应用场景。

（2）服装 3D 打印

3D 打印技术以其一体成型和设计风格多样等特点，引起了世界各地大量艺术家、工程师们的关注。在他们的努力下，许多原先受限于工具和工艺而无法生产的产品被创造出来。其中，服装产品是一类别具特色的成果。

传统服装的设计加工需要经历烦琐的工序，使得其生产周期很长，同时耗费大量人力，且工艺设计复杂。同时，面料的平面特性，使得很多有趣而灵动的设计思维被局限。3D 打印技术的引入，可以使服装呈现不同寻常的图案和视觉效果，能够极大地释放设计师、工程师的灵感，甚至能够让他们直接将灵感转化为作品，可以说是服装设计与生产领域的一项重大革新。

同时，采用 3D 打印技术进行服装生产，可以实现服装加工的一体成衣，完全避免了传统生产过程中耗时费力的人工制衣劳动。由此看来，如若某天 3D 打印服装技术得到了更进一步地发展，服装行业这种传统劳动密集型的产业，将得到革命性的改变。此外，在 3D 打印服装产业中，通常会配备精度极高的智能化三维量体系统。这种智能化量体可以参与计算机辅助服装设计，提高服装的合体度，为每个人打造独一无二的合身衣物。结合 3D 打印技术的一体成型特性，可以实现超高响应速度的私人量体服装定制，这简直就是对智能服装工厂的完美诠释。

可以说，3D 打印不仅改变了以往的服装制造方式，更是以另一种方式来诠释服装设计。它的出现可以让消费者获得符合自己体型、爱好的服装，并进行极具有个性化的服装订制，同时推动整个服装产业向着一个新的智能化时代迈进。

## 4.1　生活中的“防火墙”——阻燃纺织品

火是人类文明发展的产物，但是当火失去控制时会给人类带来巨大的灾难，危及人们的生命安全。“星星之火，可以燎原”，一点点小火星就有可能烧掉大片原野。据统计，我国在2020年度发生的火灾近25.3万起，由火灾引起的死亡达1 183人、伤775人，直接财产损失达40.09亿元。诸多国家针对纺织品燃烧性制定了一系列的法规，并对阻燃剂的使用做出了详细的要求和明确的规定。据日本消防厅的报告，在对独居老人所使用的卧具、衣服等用阻燃制品代替后，其火灾发生的危险度可减少40%。在美国加利福尼亚州，自从1982年实施对容易着火的家具装饰织物进行阻燃处理的地方法规以来，火灾次数明显减少。使用阻燃纺织品，由纺织品燃烧引起火灾的可能性就会大大降低，阻燃纺织品是当之无愧的生活中的“防火墙”。

（1）纺织品的燃烧行为及阻燃途径

材料燃烧有三要素：可燃物、氧气与点火源，俗称火三角，如图4-1所示。纺织品在加热条件下发生裂解，产生可燃性物质。这些可燃性物质遇氧气发生有焰燃烧和无焰燃烧，放出光和热。放出的热进一步促进纺织纤维裂解，持续产生可燃物，加速纺织品燃烧。纺织品着火后蔓延较快，尤其是与人体皮肤直接接触的纺织服装，一旦燃烧，轻则烧伤部分皮肤，遭受痛苦，重则导致皮肤大面积烧焦烧伤，危及生命。此外，纺织品燃烧产生的有

图4-1　火三角

害气体如一氧化碳、二氧化碳、氰化氢、氧化氮和醛类气体等，都会导致受害者窒息或毒害死亡。

纺织品的阻燃，并不是指纺织品在阻燃处理后接触火源时不会燃烧，而是指降低纺织品的易点燃性或减缓火焰蔓延的速度，在发生轰燃之前能控制火势，赢得逃生时间，减少损害。对纺织品的燃烧过程来说，阻燃就是要切断热源、纺织品和氧气三者间的相互作用。

阻燃的途径主要有四种：① 移除热源，使放出的热不能够继续供给纺织品持续分解出可燃物质；② 促进纺织品脱水炭化，生成不燃性的炭质残渣，减少可燃物的生成；③ 加入阻燃剂释放出惰性气体，冲淡与氧气的作用，或者在纺织品表面形成一层阻隔层，隔绝与氧气的接触；④ 直接生产耐高温阻燃纤维，提高纺织品分解温度。

（2）阻燃纺织品技术法规

为了保证生命财产的安全，发达国家早在20世纪60年代相继对纺织品提出了阻燃要求，制定了各类纺织品的阻燃标准和消防法规，并从纺织品的种类和使用场所来限制使用非阻燃纺织品。整体来说，阻燃剂和阻燃纺织品的市场是法规驱动的市场。美国在1953年推出了《易燃性织物法案》，推动了美国阻燃法规的发展，日本在1986年6月修订《消防法》后正式诞生了织物阻燃法规。到1997年，已制定纺织品阻燃法规的国家有：美国、日本、加拿大、英国、法国、瑞典、荷兰、澳大利亚、新西兰等9国；规定要求阻燃的纺织品有：儿童睡衣、窗帘、地毯、汽车用织物、飞机内装饰材料、幕布、睡袋、度假帐篷、建筑内装饰材料、被褥及罩套类、毛毯及一般医疗纺织物等。除民用纺织品外，国防军工和各种防火作业服、劳动保护服，如：作战服、消防服、炉前服、焊接服、森林服等以及产业用布，如：车用篷布、帆布、消防带等都需大量的阻燃织物。从20世纪80年代开始，我国也陆续制定了一系列的纺织品阻燃标准，如强制性标准《防护服装 阻燃服》（GB 8965.1–2020）对防护服装中的阻燃服的阻燃性能做了具体规定和要求。

（3）纺织品阻燃方法

使纺织品具有阻燃功能的方法主要有两种：① 将有阻燃功能的阻燃剂通过与聚合物、共混、共聚等加入纤维中，使纤维具有阻燃性，这类纤维也称为本质阻燃纤维，如：兰精公司的阻燃黏胶纤维。此类方法适用于化学纤维。② 用后整理方法将阻燃剂通过涂层、浸轧烘焙、接技改性、浸渍烘燥等方式处理在纺织品表面或渗入到纺织品内部。此类方法适用于所有纤维。

纺织品易点燃性能常用极限氧指数（LOI）来衡量。纺织品燃烧都需要氧气，LOI是样品燃烧所需氧气浓度，该指数可用样品在氮、氧混合气体中保持烛状燃烧所需氧气的最小体积百分数来表示。极限氧指数越高则说明维持燃烧所需的氧气浓度越高，即表示越难以被点燃。根据极限氧指数的大小，通常将纺织品分为易燃（LOI < 20%）、可燃（LOI=20%~26%）、难燃（LOI= 26%~34%）和不燃（LOI > 35%）四个等级。事实上，几乎所有常用的棉、羊毛、蚕丝、涤纶、腈纶等纺织材料都属易燃或可燃材料，需要进行阻燃处理才能达到阻燃纺织品的要求。

（4）阻燃纺织品的应用

阻燃纺织品应用领域主要有：① 婴幼儿童服装、睡衣、窗帘、地毯、被褥罩套类、毛巾被、毛毯等；② 高温过滤织物，铁路、汽车、民航等运输部门的篷盖布，抗震救灾帐篷，活动房屋等；③ 建筑内装饰材料，如宾馆，饭店、歌舞厅用地毡、窗帘装饰布等。建筑内装饰材料通常由法规规定必须使用不燃或难燃材料，如日本《消防法》规定：高层建筑或地下商业街、影剧院、宾馆饭店、医院及政令规定的防火对象物所采用的防火物品（如：帷幕、窗帘、展板等），其阻燃性能必须高于政令所规定的标准，并规定这些阻燃制品或材料必须加施与阻燃性能相对应的防火标识。《中华人民共和国消防法》也规定：人员密集场所室内装修装饰，应当按照消防技术标准的要求，使用不燃、难燃材料。④ 交通工具内装饰材料，如飞机、火车等座椅面料，高档轿车地毯、车顶、坐垫等。随着轿车的普及，汽车内装饰材料将成为阻燃纺织品的一个大市场。我国已成功研制了多种阻燃材料，为阻燃纺织品技术开创了新的途径，但就品种、数量及阻燃性能而言，与发达国家还有一定差距。随着经济的发展和国家法制的健全，阻燃纺织品的推广应用必将引起全社会的重视。阻燃纺织品在我国具有广阔的市场需求，开发潜力巨大。阻燃纺织品常见应用领域如图 4–2 所示。

（a）阻燃地毯

（b）阻燃窗帘

（c）阻燃墙布

（d）阻燃儿童睡衣

（e）阻燃帐篷

（f）阻燃消防服

（g）阻燃交通工具内饰材料

图 4-2　常见阻燃纺织品

## 4.2　菌虫克星——抗菌防螨床上用品

成人、儿童和婴儿，一天在床上度过的时间分别至少为 1/3、1/2 和 2/3，而床品大多为天然纤维纺织品，加上人的汗液、唾液和皮脂屑，细菌、螨虫的繁殖生长速度呈几何倍数增长，所以有“三天不洗被，千万螨虫陪你睡”的说法，因此具有抗菌防螨功能的纺织品成为时代的新宠。

（1）床品抗菌防螨的必要性

据不完全统计，人身上共生细菌的数量是自身正常细胞数量的 10 倍，每平方厘米皮肤有 50~5 000 个微生物，严重影响睡眠。纺织品是微生物与人体的最好媒介，天然纤维棉、羊毛、蚕丝蛋白纺织品则是微生物的粮食，人体分泌的汗水、皮脂屑等排泄物也是微生物的粮食，人的体温是微生物最适合的生产繁殖温度，尤其在睡觉时刻，以上条件会变得更适合螨虫、细菌等微生物的滋生和繁殖。有些酒店宾馆等公共场合因卫生不当常常引起瘙痒也是细菌、螨虫在作祟，如图 4–3 所示。

图 4-3　床品上的“螨虫”

德国慕尼黑大学研究组曾针对卧室内的微生物和细菌做过一项抽样

测试，在随机抽取的10个家庭卧室中，研究人员发现了大量的支原体、葡萄球菌、大肠杆菌、霉菌，甚至还有轮状病毒。前面的几种细菌一般人可能听说，但是轮状病毒比较少见。轮状病毒主要存在于人手接触物的表面，遥控器、鼠标、门把手是其重灾区。感染轮状病毒主要的症状就是腹泻，对婴幼儿的影响尤为严重，全世界每年有超过50万5岁以下的儿童因感染轮状病毒而死亡，因此对幼童的卧室一定要注意定期的卫生消毒。

大量分布这些有害微生物和细菌的角落，除了卧室、遥控器、鼠标、门把手等手直接接触的物品以外，床上用品是细菌、螨虫繁殖的另一重灾区。在枕头、床单、被罩表面，除了人体日常所代谢的表皮皮屑、长期堆积的螨虫以外，空气中的灰尘也广泛存在于床上用品表面，这无形成了影响人们身体健康的安全隐患，微生物形态如图4–4和图4–5所示。皮肤科专家表示，80%的面部肌肤问题，如：痤疮、痘痘等，都是由于面部长期接触带有细菌、螨虫的枕头或毛巾所致；超过60%的皮肤问题都与我们日常接触的床上用品有关。而导致这些皮肤问题的罪魁祸首，是长期积累在床上用品，尤其是枕头上的螨虫、细菌等微生物。螨虫还能引起湿疹、干草热、花粉热及其他过敏性疾病。国外的大量临床研究表明，儿童早期的家庭尘螨变应原的暴露程度与后来发展成哮喘儿童之间是密切相关的。

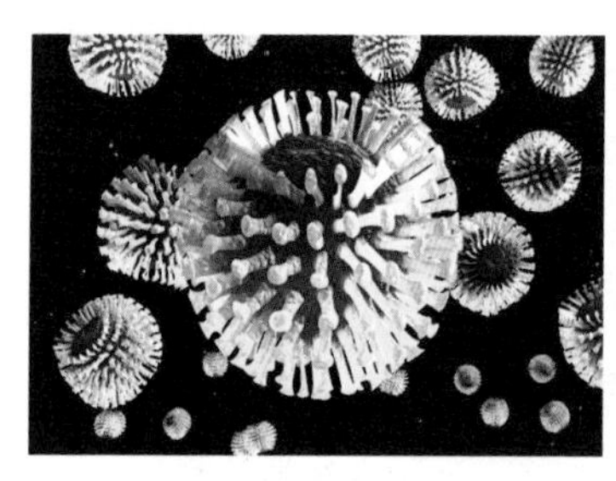

图4-4　轮状病毒

图4-5　螨虫

（2）保障床品卫生的方法

勤打扫（不为细菌繁殖提供场所）、多通风（减少有害细菌堆积）、定期消毒晾晒，被子晒过之后会有一股香味，有人说是“太阳的味道”，其实那是螨虫尸体的味道。

选择抗菌防螨的床上用品可将潜在的健康隐患降到最低。纳米科技的进步可以帮助人们从根源上避免细菌的滋生，在有害细菌与添加了抗菌成分的产品表面进行接触时，其细胞壁会在短时间内瓦解，造成细菌死亡以实现抗菌功效。当一床被子拥有了抗菌防螨的功效之后，这意味着有害细菌、螨虫难以在被子的表面和内部存活，即便长期使用也可以保持较高的清洁度，从源头上避免因有害细菌、螨虫引起的各类微生物疾病。

（3）健康的抗菌防螨纺织品

抗菌防螨纺织品一般可以通过后整理或者采用功能性纤维制成。常用的抗菌防螨整理剂分为天然生物系整理剂、有机系整理剂和无机系整理剂。天然生物系整理剂虽然相对安全，但是抗菌单一，对真菌的抑制率较低，不耐水洗，且大多天然抗菌剂还有一定颜色，限制了其在纺织领域的使用；有机抗菌剂的生物毒性、致敏性、对皮肤的刺激性等制约着其在皮肤接触型纺织领域的使用；无变色、无安全隐患的无机纳米抗菌剂成为未来的发展方向。纳米氧化锌（如图 4-6 所示）以其安全性及无色变性成为最有前景的无机抗菌材料之一，其尺寸和形貌的控制可有效提高其抗菌效率。

图 4-6　纳米氧化锌

常用的抗菌防螨整理方法分为浸渍涂层法和原位生长法，浸渍涂层法一般需要依赖黏合剂，不仅影响织物手感，耐洗性及安全性也不容乐观，化学物质的残留很容易造成皮肤过敏或瘙痒，而原位生长法的发展使得功能后整理技术得到完善，不仅不影响织物的手感，功能的持久性也得到有效保证。

抗菌化学纤维的生产方法包括共混纺丝法、后整理法、接枝法、原位聚合法等，鉴于化学纤维的特性，要想获得较持久的功能效果，主要以共混纺丝法和原位聚合法为主，共混纺丝法就是先用抗菌剂与化纤切片混合制成母粒，然后在纺丝过程中按一定比例添加。随着技术的发展，原位聚合法制备抗菌功能化纤逐步得到完善及产业化，并有替代母粒共混的趋势，其加工流程是以化学纤维聚合所用的单体之一为介质，直接在介质中原位合成小于 5 nm 的纳米氧化物，然后将含多功能纳米氧化物的单体与其他聚合单体进行聚合，聚合反应结束后产物通过喷丝、冷却、成形，制得具有抗菌防紫外多功能化学纤维。该方法所得抗菌多功能化学纤维不仅工艺简单、效率高、节能环保，而且具有高效持久的抗菌防螨等多功能，无金属离子析出，非常安全环保。

## 4.3 “幽灵”样的隐形——电磁屏蔽纺织品

电磁波（又称电磁辐射）是由同相振荡且互相容纳的电场与磁场在空间中以波的形式移动，其传播方向垂直于电场与磁场构成的平面，有效地传递能量和动量。最早是由英国物理学家詹姆斯·麦克斯韦在1865年预测出来的，后在1888年，由德国物理学家海因里希·赫兹经实验证实。正是这两位伟大的科学家将人类带到了无线电技术的新时代。

按照波长或频率的顺序把电磁波排列起来，就是电磁波谱，由工频电磁波、无线电波、红外线、可见光、紫外光、X-射线和 γ 射线组成，如图4-7所示。而通常意义上所指有电磁辐射特性的电磁波为无线电波（3 000 m~0.3 mm波段）、红外线（0.3 mm~0.75 μm波段）、可见光（0.7 μm~0.4 μm波段）和紫外线（0.4 μm~10 nm波段）。

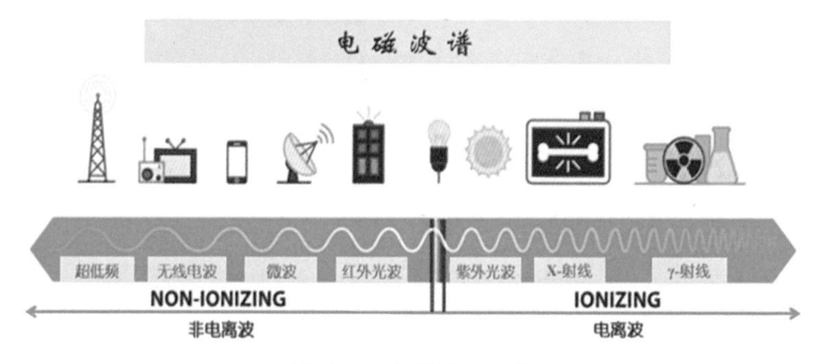


图4-7　电磁波的种类

电磁场是由变化的电场和变化的磁场共同作用构成的，而电磁波就是变化的电磁场在空间中传播形成。电磁波是一种横波，会像其他横波一样发生反射、折射、干涉、衍射等现象，而不同的是电磁波在传输时不需要任何介质，哪怕在真空中也可以传播。

随着现代电子工业、无线通信和数字化技术的快速发展，电磁波的危害充斥在人们日常生活息息相关的各个领域，如广播电视、通信导航、电力设施、科研、医疗的高频设备以及各种家用电器等，如图4-8所示。虽然低强度电磁辐射并不会对人体产生危害，但各种高集成和高功率无线通信系统和电子器件数量的急剧增加，使得电磁辐射急剧增强，导致其成为继大气污染、水污染、噪声污染后的“第四大环境污染”。科学研究证实，电磁辐射达到一定的强度就会影响人的神经、生殖、免疫及心血管系统，从而诱发各种疾病，而且这一危害由于无法用视觉和听觉等直接观察，且穿透力强，生物作用大，充斥在人类生活的整个空间，因此往往会造成更大的损害。

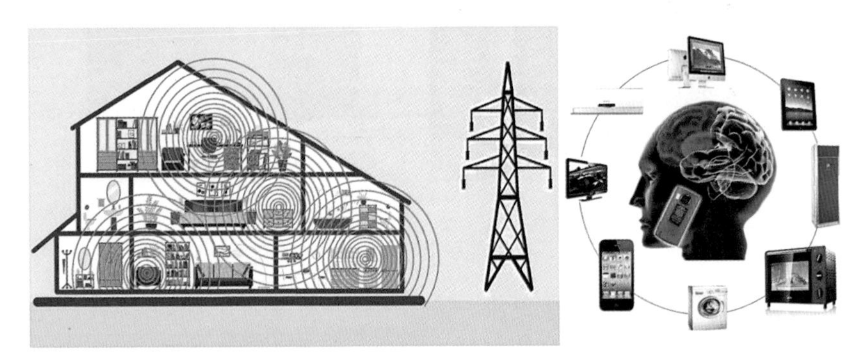

图 4-8　日常生活看不见的电磁波污染

另外，在军用领域，雷达通过发射并接收目标物体反射的电磁波来探测目标的具体位置和形状等信息，在现代战争中发挥着极为重要的作用。如果军事设备在工作时受到电磁干扰或暴露在雷达的视野下，将会造成巨大损失。因此，通过电磁波屏蔽或吸收实现的雷达隐身技术，是世界各国解决电磁干扰和军事防护等问题的重要手段，如图 4–9 所示。

（a）F117 隐形战机

（b）F35 隐形战机

图 4-9　雷达隐身技术在军事领域的应用

电磁波屏蔽纺织品有电磁波屏蔽纤维和经电磁波屏蔽功能整理的织物等。

（1）电磁波屏蔽纤维

金属系纤维及其制品主要应用于电磁屏蔽方面。金属纤维具有优异的导电性、导热性和机械性能，但由于金属纤维在柔性、可纺性及与基体界面结合性方面表现较差，因此往往通过将金属微粉或短纤以共混、混纺及表面镀层等方式与聚合物纤维基体复合，然后进一步加工制成电磁波屏蔽纺织品，如图 4–10 所示。

（a）镀银纤维

（b）金属混纺纤维及织物

图 4-10　金属系电磁屏蔽纤维材料

碳系材料（如炭黑、碳纤维、碳纳米管、石墨烯等）也是常用的电磁波屏蔽材料，包括零维的炭黑纳米颗粒，一维的碳纳米管、碳纤维，二维的石墨烯材料还有三维的碳纳米管、石墨烯多孔材料等。与金属屏蔽材料相比，碳系材料具有密度小、比强度高、化学稳定性好、成型性好等优点，是一种非常理想的替代传统金属的电磁屏蔽材料。通过将不同结构和类型的碳材料共混、复合及表面包覆等方法制备电磁屏蔽纤维是近年来研究的一大热点。

另外，本征导电高分子纤维主要包括聚乙炔、聚苯胺、聚吡咯、聚噻吩及其衍生物等。与金属屏蔽材料相比，具有质轻、环境稳定性好、电导率可调等优点，在电磁波屏蔽方面极具应用潜力。

（2）纺织品的电磁波屏蔽功能整理

涂层屏蔽织物是在织物涂层剂中加入适量的电磁屏蔽粉体（如金属及其氧化物、碳系材料等）后，涂覆在织物表面得到的。该方法简单易行，但制备的屏蔽纺织品透气性和手感较差，使其应用范围受限。

镀层织物是通过对织物进行表面处理最终在织物表面沉积一层导电薄膜得到的，处理方法包括喷镀、真空镀、溅射镀、贴金属箔、化学镀或电镀等。但由于镀层与织物间的结合力较弱，因此往往需要物理或化学方法处理来进一步加强二者的结合效果。

此外，由于单一屏蔽体的屏蔽波频带宽度有限，近年来由双组分或多组分屏蔽材料组成的多元体复合体系不断被报道，如图 4-11 所示。在实际应用中，这种多元复合体系利用不同材料间的结构效应、协同效应等作用表现出对更宽波段的屏蔽作用和更高的屏蔽效能。

多离子型电磁屏蔽织物是采用物理和化学方法对含金属成分的纤维进行离子化处理，对低频、中频段电磁波具有良好的吸收效果，且织物柔软舒适，色泽均匀，耐洗耐磨、具有抗菌作用等优点，在民用吸波领域极具发展潜力。

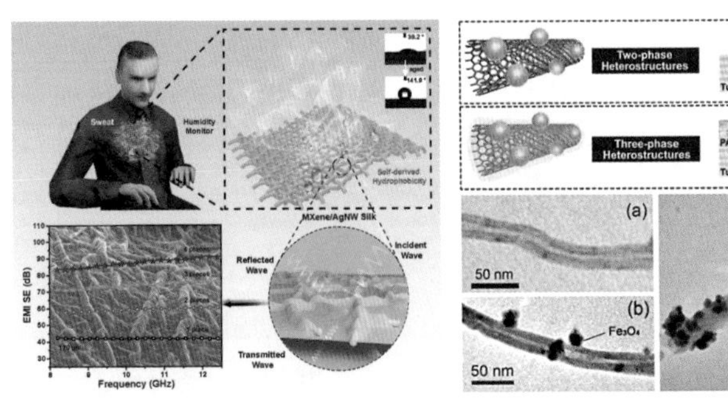


（a）MXene/AgNW 复合体系
（https://doi.org/10.1002/adfm.201905197）

（b）CNT/Fe3O4/PANI 三元复合体系
（https://doi.org/10.1021/am3021069）

图 4-11　不同复合体系电磁屏蔽材料的开发

## 4.4　驴友必备——户外功能纺织品

绿色、环保，这些时尚的字眼与运动健康的生活方式联系在一起时，便迎来了户外运动市场的快速发展期，越来越多的人走出户外，追求健康、时尚、休闲、自然、环保的生活方式，这使国内户外纺织品消费市场连续几年保持了高速增长。

户外功能纺织品种类繁多，用途广泛，如图 4-12 所示。主要包括户外登山服、冲锋衣、滑雪服、登山鞋、徒步鞋、登山帽、睡袋、帐篷、背包、护具、袜子，手套等。专业的户外运动服装（如冲锋服等）主要是针对登山、滑雪等高寒运动而言的。户外运动服装与居家服装虽然没有什么本质区别，但由于户外和运动这两个特性，对服装的要求也相对较为严格和苛刻：户外运动中人体发热量大、汗液蒸发多，要求服装散热和透气性能好；野外难免遇到风雨雪雾等极端天气，服装要有一定的防水性能；户外运动人们希望减轻负重、服装要尽量轻便；户外日照强烈，服装要具备防紫外线的性能；野外风大，高山寒冷，对服装防风保暖性能要求高，等等。

（a）户外登山服

（b）睡袋

（c）帐篷、徒步鞋

图 4-12　户外功能纺织品

由于户外运动包含多种不同的运动项目，从一般的徒步旅行到登山、攀岩、漂流等，所以户外运动服装也有许多种类和款式，比如登山有专门的防风服或冲锋衣，滑雪也有专门的滑雪衫等，这些都是户外运动装。户外运动装的主要特征就是剪裁紧凑、功能性强，主要包括防风防雨性、透气透湿性、保温性、耐磨性、抗拉伸撕裂性、安全标识性等。

户外运动装有多种不同的分类方法。按运动量可以分为轻运动量的户外运动装，如图 4–13（a）所示为徒步运动服装；一般运动量的户外运动装，如图 4–13（b）所示的登山运动服装；大运动量的户外运动装，如图 4–13（c）所示的滑雪运动服装。按运动环境可分为陆地环境，如图 4–13（d）所示的攀岩服装；水中环境，如图 4–13（e）所示冲浪运动服装；空中环境三种，如图 4–13（f）所示滑翔服。按款式可分为连体式和分体式；按运动激烈程度又可以分为极限运动服装、亚极限运动服装、休闲运动服装。

（a）徒步运动服

（b）登山用运动服

（c）滑雪用运动服

（d）攀岩用服装

（e）冲浪用运动服

（f）滑翔服

图 4–13　常见户外运动服装

### 4.4.1 户外功能运动服常用材料

（1）水分调控材料

Cleancool 是一种较新的纤维。由 Cleancool 织成的织物及其制品集抗菌除臭和吸湿速干两种流行的功能于一体，其沟槽状纤维和独特的面料设计，使穿着皮肤始终保持干爽清凉的感觉，同时，纤维中含有的纯银成分能够在很短的时间内杀灭对人体有害的各种常见病菌并除去汗臭，且具有永久性功能，是运动、休闲和居家服饰的理想选择。

Coolmax 是杜邦公司研发的一种排汗性能很强的聚酯纤维。其具有四沟槽横截面，可以快速地把汗水从里层排到外面并蒸发掉，使身体保持干爽，是做户外运动内衣的理想材料。Cleancool 和 Coolmax 截面对比如图 4–14 所示。

Gore–tex 是由聚四氟乙烯纤维薄膜层压制成的具备防水透湿性能的多孔薄膜。这种薄膜能像人体皮肤一样呼吸，将多余水蒸气导出体外，又能隔绝外界雨雪的侵袭。它解决了防水与透气不能兼容的问题，并且还具有防风功能，在欧美被誉为“世纪之布”。如图所示 4–15 为 Gore–tex 产品图。

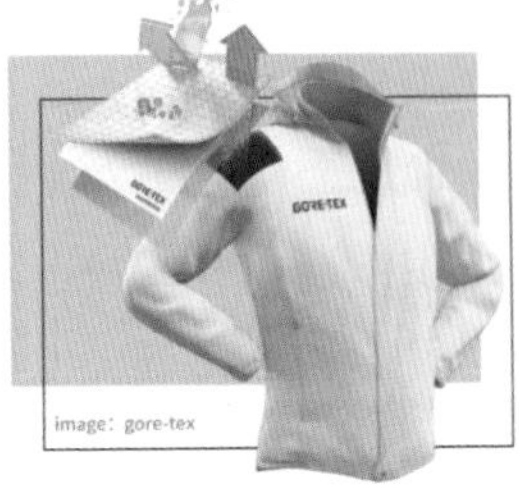


图 4–14　Cleancool 和 Coolmax 纤维截面　　图 4–15　Gore–tex 产品展示

DriFIT 是耐克公司专门为保持运动舒适性而设计的快速排汗材料。独特的 DriFIT 超细纤维能使水分沿着纤维传送至衣服表面并迅速蒸发。其采用生物科技的方法可以避免长时间使用及洗涤后失效的弊端。如图 4–16 所示为 DriFIT 产品图。

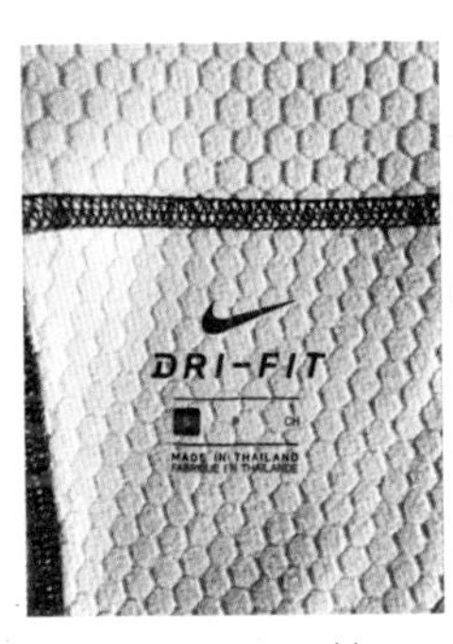

（a）DriFIT 面料　　（b）DriFIT 运动服

图 4–16　DriFIT 产品展示

（2）温度调控材料

Polartec 是美国 MaldenMills 公司推出的材料，是户外市场迄今为止最受欢迎的起绒产品。Polartec 比一般的抓绒衫要轻、软、暖和，而且不掉绒。它不但干得比较快，而且伸缩性也不错。如图 4-17 所示为 Polartec 产品图。

（a）Polartec 面料

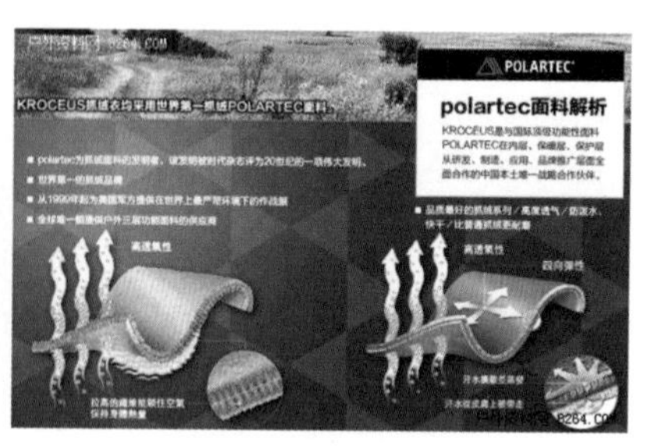


（b）Polartec 面料解析

图 4-17　Polartec　产品展示

Exceltech 材料是用聚氨基酸的湿涂法完成的。聚氨基酸是一种仿蛋白质类型的聚合物，它与皮肤的分子组成非常接近。Exceltech 充分利用了这种聚合物的高透湿性能。这种材料曾经被珠穆朗玛峰考察队所穿用，还被用作滑雪服，并在障碍滑雪比赛中被许多获奖者穿用。Exceltech 甚至在零下 20℃时都不会失去柔软的手感，是一种非常理想的冬季运动服装材料。

ThermaStart 面料，是一种用聚酯中空纤维为原料制成的织物，其升温速度快，保暖效率高。它与聚丙烯、聚酯 / 聚酰胺等纤维相比保暖率提高了 23%，水分传输速度提高了 40%，透气性增加了 30%。

（3）体能调控材料

Lycra 是运动服中使用最广和最不可缺少的材料之一，并且它的应用早已超出运动服装的范围。这种人造弹力纤维，其抗拉扯的特性以及织成衣物后的光滑程度、与身体的紧贴度、极大地伸展性都是理想的运动要素所在。许多户外运动比较激烈，运动者的动作幅度很大，若运动服的伸缩性不好，就会使关节、肌肉活动的范围和灵活性受限，影响人体的运动。但是莱卡的加入不但使运动服拥有良好的伸缩性，可以更好地增加服装的舒适性，而且还能保持肌肉的协调，防止肌肉出现多余震颤而丧失能量，提高运动员的速度、耐力和力量等。

Powerstretch 材料具有贴身的四方位伸缩弹性，即使是流汗时，仍能保持干爽，质轻而保暖，抗风，抗磨损。它的外层为耐用的尼龙，可以抗风抗磨损。柔软的 polyester 内层可以把湿气从身体表面排出，从而保持干爽、温暖以及舒适，适合做贴身和极需保护以及自由行动的户外活动服饰。

## 4.5 居室环境调节器——多功能窗帘

窗帘是室内软装饰的重要组成部分，传统窗帘具有遮阳和调节室内光线的功能，在营造优美居家环境方面发挥着重要的作用。随着现代科学技术的发展和社会的不断进步，人们在追求美观的同时对功能性的要求也越来越高。同时，随着各种抗菌、光催化、抗紫外、相变调温等功能纱线的问世，为设计开发不同结构的多功能窗帘布提供了基础。目前，针对功能性窗帘布的研究，已不单单局限于某一特定的功能，而是趋于多功能、高功能和复合功能的发展。

近年来，温室效应的加剧使得地球整体温度不断上升，极端高温天气的频发使空调的使用频率剧增，空调设施的运行在消耗能源同时还会产生更多的热量，造成城市的热岛效应，加剧地球的温度上升。所以要寻求一种绿色环保的室温管理技术，在炎热夏天使人感到凉爽的同时还可以减少能源的消耗。一种被动辐射冷却的超冷材料的发明使这种愿望成为现实。

如图 4–18 所示，由红外成像仪下的建筑和人体成像图可以看出，地球上的每个建筑、人和物体都朝外散发着热量，地球的大气层吸收了大部分散发的热量，并将其辐射回地面。但是波长在 8~13 μm 之间的红外线不会被大气层捕获，而是可以顺利地离开地球，逃逸到寒冷的太空之中，这就是所谓被动辐射冷却。

图 4–18 红外成像仪下的建筑和人体成像图

如图 4–19 所示，有科学家发现尺寸在微米级的玻璃球可以在 8~13 μm 的范围内强烈反射太阳光。因此将这些微球嵌入厚度为 50 μm 的透明聚甲基戊烯薄膜中，并用反射银作为衬背形成超冷材料，制成超冷窗帘可使环境温度降低 5~10℃。此外，还有科学家利用多级相分离的方法制备出尺度不同的多级孔结构增强辐射冷却，基于光谱选择透过的辐射被动冷却窗帘在夏天可以将室内热量高效辐射出去，并对太阳光反射，这种冷却窗帘可将室温自然降低 6℃左右。

《2019 中国室内空气污染状况白皮书》的调查中发现，以装修完成 3 年的房屋为研究对象，在温度 16~38℃下测试的 6 482 个样品中，室内空气质量的不合格率高达 74%。从如图 4-20 所示的室内空气污染来源图中可以看出，室内污染的最主要有害气体是甲醛和总挥发性有机物（TVOC），其中室内装饰胶合板、人造板制造的家具、壁纸、油漆和涂料中都含有甲醛、苯和 TVOC。

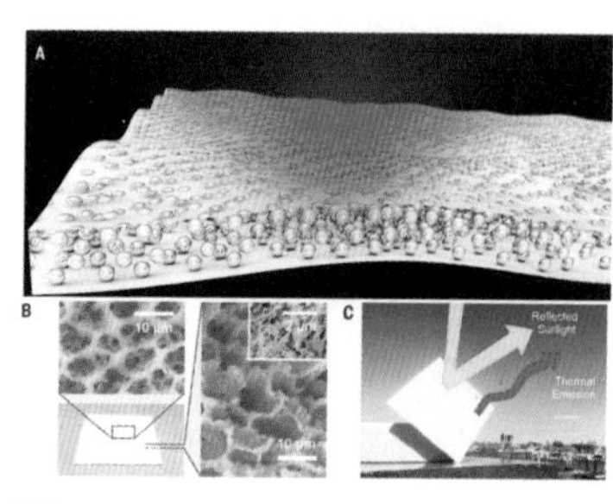

图 4-19　不同尺度微球和微孔增强冷却辐射原理图

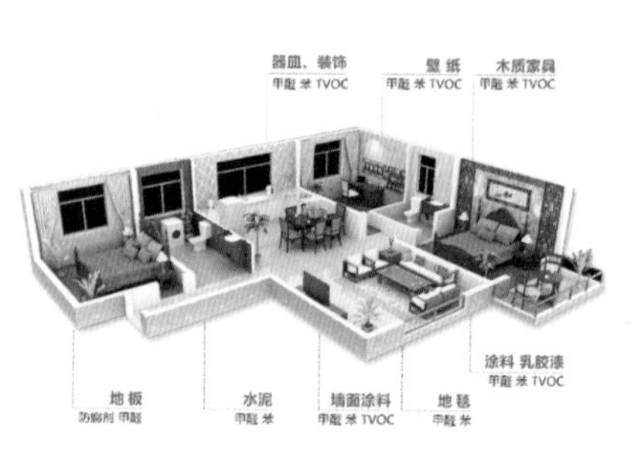

图 4-20　室内空气污染来源

目前市面上常见的除甲醛手段主要有三种：绿植果皮类、密集通风以及室内净化器。实际上植物去除甲醛的效果可以忽略不计，要想起到作用，除非把家里变成森林公园。而菠萝、茶叶、柚子皮等去除甲醛更是无稽之谈，它们只是靠自身挥发的气味遮盖装修异味，但并未分解去除有害物质。甲醛释放期为 3~15 年，1~3 年为密集散发期，因此入住前集中通风不能保证后续居住环境。空气净化器是吸附游离在空气中的甲醛，当滤网吸附饱和后，净化效果明显下降。

图 4-21　光催化除甲醛窗帘

窗帘的比表面积大，易富集污染气体，将其作为载体负载可催化降解甲醛的光催化剂，制成具有除甲醛功能的装饰窗帘是现今家纺装饰的发展趋势。光催化除甲醛窗帘的作用原理如图 4-21 所示。光催化技术中以 $TiO_2$ 为代表的半导体光催化剂的优点最为突出，在光照下可以把甲醛和 TVOC 分解成无污染的水（$H_2O$）和二氧化碳（$CO_2$），更能破坏细菌的细胞膜杀灭细菌。负载有光触媒的功能型窗帘具有极强的杀菌、净化空气、防污自洁等功能将 $TiO_2$ 与各种贵金属、稀土元素掺杂则进一步拓宽了 $TiO_2$ 的催化谱带，使其不仅可以在紫外光照射下催化降解有机污染物，在灯光及可见光照射下同样可以实现有机污染物的催化降解。

此外，还有科学家受自然界蜘蛛丝集灰、壁虎平滑表面自由游走等现象的启发，制备出了一种兼具小孔径与强表面吸附作用的自极化驻极纳米蛛网材料，该材料100%阻隔PM2.5，对PM0.3的过滤效率可达99.998%，用这样的材料制作窗帘。

## 4.6 健康监护——智能穿戴服装

由于智能穿戴服装具有优异的穿戴性、交互性、时尚性等特征，受到众多研究者及消费者的青睐。早期的智能服装是将感光材料或电子元件（例如LED灯）与纺织品进行结合，使服装具有发光、发热等性能，这种电子纺织品多用于警示、表演、个性表达等，不能自主地感应人体的运动及生理状况。随着智能材料、通信技术、微电子技术的不断发展，将可穿戴技术与纺织服装融合开发智能穿戴服装，用于监护健康领域成为智能服装发展的重要方向之一。目前智能服装的开发主要是将能够感应人体动作、温度、湿度等传感器、智能材料与服装结合，并以数字化的形式显示出来，进而达到自主实时监护人体健康的功能。智能穿戴服装由运动及生理信号检测、信号特征提取及数据传输、信息分析及处理、能源供给等功能模块组成，可满足大众在低心理负荷条件下对心电、心率、呼吸、体温、关节弯曲及扭转、肌肉张力等人体生理健康信息的无创连续监测、数据无线发送和实时处理的需求。

（1）柔性应变传感元件

在智能服装开发的过程中，将可穿戴式柔性应变传感元件与纺织品进行有机结合，形成监护健康智能系统，实现对人体运动与生理健康的实时数据采集，以帮助穿戴者对运动与健康进行管理。为实现传感器在使用过程中的舒适性及与人体的贴合性，传感元件必须具有良好的柔软性，且在长期的应变过程中保持优异的稳定性及耐久性。因此柔性应变传感元件是开发可穿戴智能服装的关键技术。

目前主要通过导电材料以不同的结构形式与弹性聚合物进行复合设计电阻式柔性应变传感器。导电材料主要有碳纳米材料、金属纳米材料、碳化的纤维素材料。也有研究者开发了导电聚合物传感器、压电传感器、电容式柔性压力传感器等。如图4-22所示，它们将形变转化成电学性能的变化，通过电信号判断形变的次数及程度，进而为穿着者提供运动状态及身体健康状况信息。

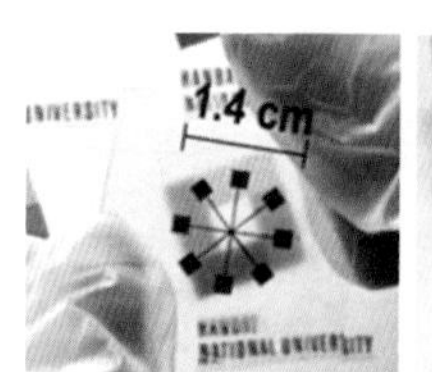

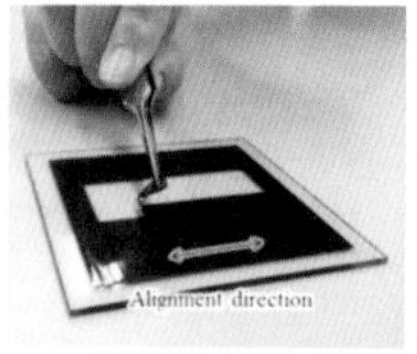

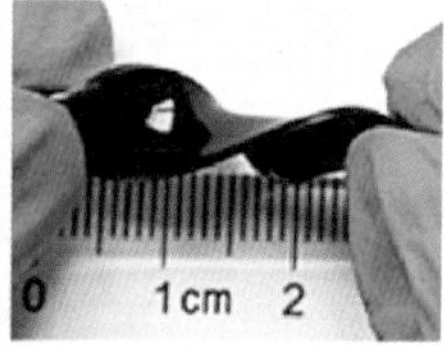


（a）星型碳纳米管膜 （b）取向碳纳米管膜 （c）碳纳米管海绵 （d）碳纳米管凝胶

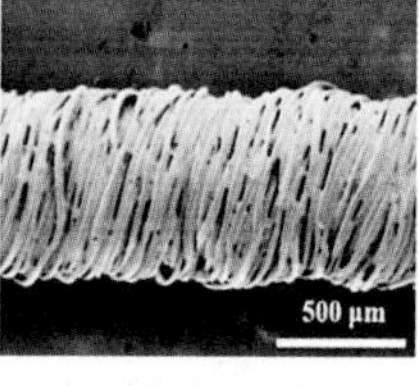

（e）碳纳米管复合长丝 （f）碳纳米管复合纱 （g）碳纳米管螺旋弹簧纱 （h）导电织物

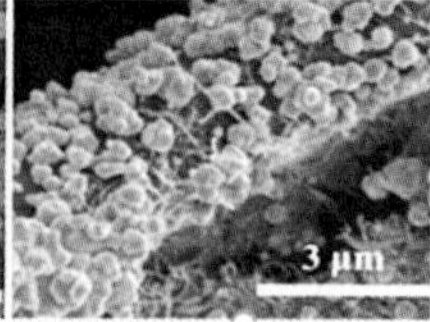

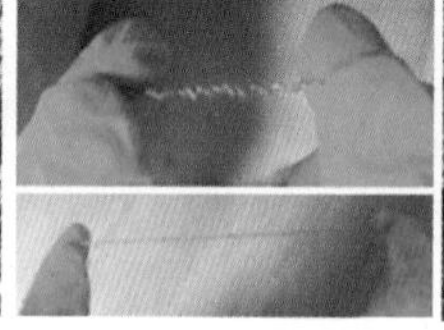
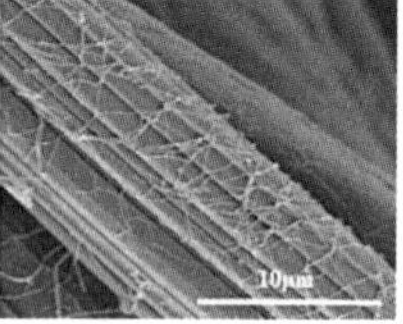


（i）银纳米颗粒修饰纤维 （j）表面负载银纳米线包芯纱

图 4-22 碳纳米管与纳米银基复合材料

（2）柔性储能器件

当前应用于智能服装的能源主要为锂离子电池，其质量大、刚度高、能量密度低，严重降低了服装穿着的舒适性，且在洗涤过程中需将其移除，而具有可折叠、可弯曲、可伸缩的柔性储能器件将为智能服装系统舒适有效地正常运行提供保障。目前主要以纳米金属、碳纳米管、石墨烯为代表的新型纳米材料制备柔性基体取代。这些储能器件的形状主要为膜结构、纱线结构和织物结构，如图 4-23 所示，它们展现出优异的可弯曲性能，能够和纺织品进行有效结合。

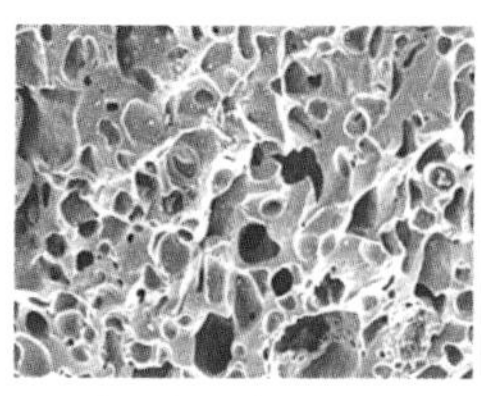
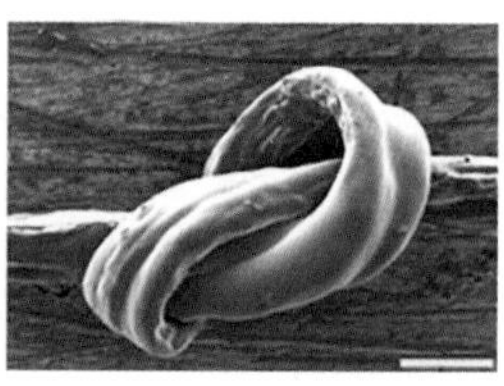

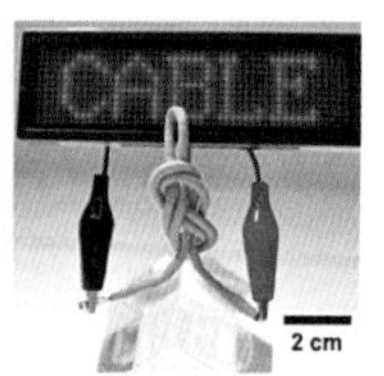


（a）多孔碳膜基超级电容器电极 （b）纱线结构超级电容器器件（c）织物结构超级电容器器件（d）柔性锂离子电池

图 4-23 不同类型的柔性储能器件

（3）人体传感信号处理

传感电学信号的可视化显示，使人们能够在 APP 应用上实时监测并读取个人健康数据信息，是智能服装开发过程中的重要环节，该系统主要包括柔性导线、信号接收单元、信号处理单元、信号发射单元及信号显示单元，传感信号的处理及传输过程如图 4-24 所示。通过机织、针织、刺绣、印花技术将柔性导线集成到纺织材料中，并利用其将各单元器件连接，导线的导电性需在形变过程中保持稳定，以传输稳定的传感信号。柔性导电材料主要有导电聚合物、纳米碳复合材料、纳米金属复合材料、超细金属丝等。

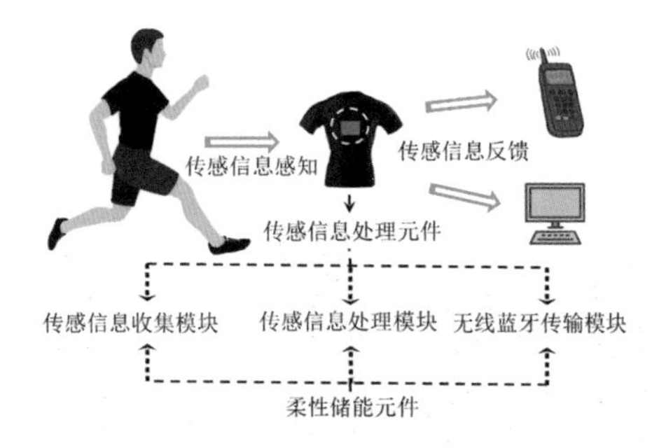


图 4-24 传感信号收集处理系统示意图

（4）代表性智能服装

智能服装是将纺织材料与柔性传感器有机结合为一体，是国内外材料和纺织服装领域关注的焦点问题之一，众多高校及公司开发了具有不同性能的智能内衣、医疗监护服、智能运动服等。

美国 Sensoria 公司和 Lumo 公司推出的具有心率监测功能的运动文胸、智能跑步短裤、智能袜子等产品，如图 4-25 所示，这些智能纺织品能够专业化地采集用户的运动数据，并将其分享给配对的智能手机应用。

（a）智能运动文胸

（b）智能跑步短裤

（c）智能袜子

图 4-25 智能运动服装

美国 Enflux 公司设计的 Enflux 智能健身衣，如图 4-26（a）所示，其在衣服手臂、腿和躯干上安装了 10 个微型传感器。这些传感器可以对运动者身体进行 3D 全面监控，并且将数据传输到智能手机 APP 上。通过手机应用，穿着者可得到实时的音频反馈和建议，一旦运动姿势不标准，手机将提醒穿着者纠正错误。Athos 公司也开发了安装有数个掌心大小的肌电图传感器的智能健身服，如图 4-26（b）所示，其能够通过传感器监测肌肉运动情况，用户可通过蓝牙连接手机上的配套应用，读取肌肉的活动情况以及心率等身体数据。德国 Wearable Life Science 公司在其开发的可穿戴服装 Antelope 中使用电子肌肉刺激技术刺激肌肉，增强健身效果，如图 4–26（c）所示。该智能服装能够根据穿着者的锻炼类型和强度，不断地刺激不同部位的肌肉，模拟大脑给肌肉传递信息，提升健身效果。

（a）智能健身衣

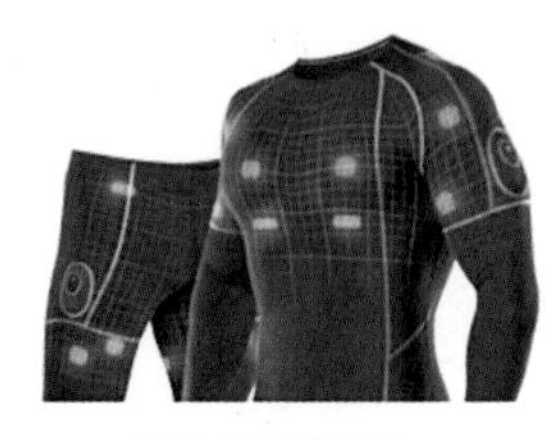
（b）智能健身服

（c）智能健身衣 Antelope

图 4–26　智能健身衣

美国婴儿健康护理公司 Owlet 设计了一款针对新生婴儿的可穿戴设备 Owlet 婴儿袜，如图 4–27（a）所示，其安装了四个脉冲血氧计及红外设备，能够在无干扰的情况下测量宝宝的心率、血氧水平、睡眠质量、皮肤温度以及睡眠位置等信息，父母可以通过手机或电脑时刻掌握婴儿必要健康数据。联想公司推出了一款名为 SmartVest 的智能心电衣，如图 4–27（b）所示，该服装通过编织的方式将 12 块柔性织物电极织入心电衣中，可以 360° 扫描心脏，并通过手机端实时监测和显示用户的心率数据，用户可实时掌握身体状况，也可根据数据分析健康趋势或优化训练方案。

（a）智能婴儿袜

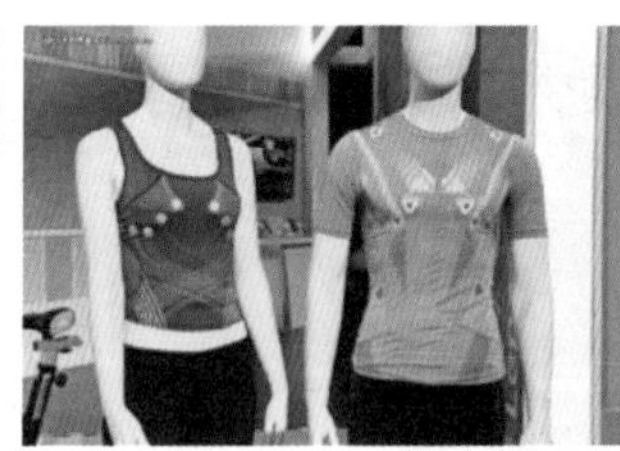
（b）智能心电衣 SmartVest

图 4–27　智能健康监测纺织品

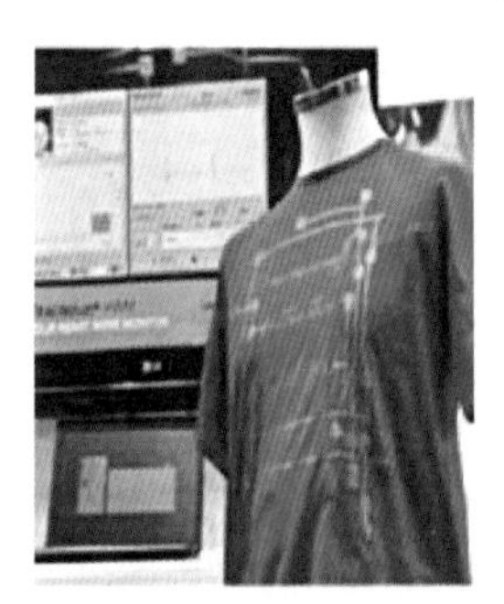
图 4–28　交互式智能衬衫

加拿大 Concordia 大学 Barbara Layne 教授与英国伦敦大学 Janis Jefferies 教授合作开发了一种高度智能的交互式衬衫，如图 4–28 所示。该衬衫将无线传感器及生物传感器通过导线与电信号处理系统连接，感知人体的体温、心率、呼吸频率等信息，并通过互联网上传到数据库中，数据库将以此判断穿着者的心情，当穿着者感到失望、悲伤时，织物中的生物传感器会促使服装接收一些愉悦信息，例如图片、音乐等，帮助穿着者改善心情。

## 4.7 隔断病毒的功臣——非织造防护产品

2019 年底新型冠状病毒性肺炎（COVID-19）疫情暴发，并在几个月内迅速席卷全球，给全世界的公共卫生安全、经济发展和人民的生命健康造成巨大危害。人民日报评，新冠肺炎疫情是百年来全球发生的最严重的传染病大流行，是中华人民共和国成立以来我国遭遇的传播速度最快、传染范围最广、防控难度最大的重大突发公共卫生事件。新型冠状病毒性肺炎是一种呼吸道传染性疾病，其主要传播途径为飞沫传播和接触传播。如何有效阻止病毒的传播，成为抗击疫情的重中之重。

一次性使用的医用口罩、医用防护服等非织造防护产品，作为人体和病毒间的盾牌，已成为隔断病毒、抗击疫情的功臣之一。

（1）医用口罩

医用口罩是一类能有效阻隔微小病毒的口罩。根据防护等级不同，可分为一次性医用口罩、医用外科口罩和医用防护口罩，其防护等级依次递增。根据外形不同，又可分为平面口罩、折叠口罩和杯状口罩，如图 4-29 所示。

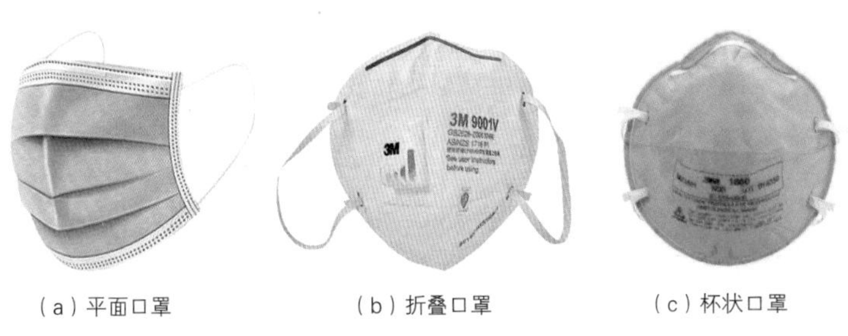


（a）平面口罩　（b）折叠口罩　（c）杯状口罩

图 4-29　不同结构的口罩

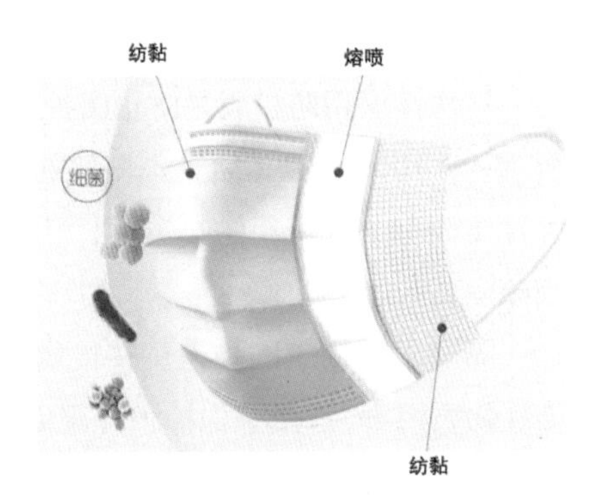


图 4-30　一次性医用口罩内部结构示意图

医用口罩主要由纺黏非织造材料、熔喷非织造材料、水刺非织造材料等组成。与传统纺织过滤材料相比，用于医用口罩的非织造过滤材料具有独特的三维立体网络结构、孔径小、孔隙率大、透气性与过滤性能好等特征。一次性医用口罩主要包括如图 4-30 所示的三层结构：面层为纺黏非织造材料，强力高，能够阻拦大颗粒物，还具有拒水、拒血液功能；中间层为熔喷超细纤维非织造材料，是口罩的核心过滤层，能够有效去除微细颗粒物；最里层为纺黏非织造材料或水刺非织造材料，具有一定的舒适性、亲肤功能。

通常来说，医用口罩主要通过扩散、惯性、拦截、重力以及静电吸引对颗粒过滤，达到防护的效果。其中，扩散、惯性、拦截效应和重力作用与材料的结构相关，也可以统称为“机械过滤作用”。静电吸引作用主要体现在库仑力和电泳力对颗粒的捕获，对于电中性的微粒，由于电泳力的作用而被带电纤维所捕获，而带电微粒则会被库仑力和电泳力的联合作用捕获。

熔喷非织造材料作为防护口罩的核心过滤层材料，除了与其结构相关外，更主要的原因是在经过驻极处理后表面或内部会带有电荷，并且会在周围形成一个强静电场，依靠静电吸引作用大幅度地提高过滤效率，却不会增加过滤阻力。以克重为 40 $g/m^2$ 的熔喷非织造材料为例，未加静电时过滤效率可以达到 50% 左右，经过静电驻极处理过后，过滤效率可以达到 95% 以上，甚至达到 99%。因此，熔喷材料的带电性能对防护效果起关键作用，使口罩在具有较好的佩戴舒适性前提下，还能保证高防护效果。防护口罩在佩戴一段时间以后，电荷会在周围环境的作用下逃逸而使静电吸引作用减弱，最终导致过滤效率的下降，无法起到足够的防护效果，所以需要定期更换口罩。

（2）医用防护服

医用防护服是医务人员及进入特定医药卫生区域的人群所使用的防护性服装，其作用是隔离病菌、有害超细粉尘、酸碱性溶液、电磁辐射等，保证人员的安全和保持环境清洁。根据使用场合和功能性，医用防护服可以分为日常工作服、手术衣、隔离服和一次性防护服等，通常所指的是一次性医用防护服。

一次性医用防护服是防止医护人员被感染的单向隔离，如图 4–31（a）所示。医用防护服必须具备良好的拒水性、拒血液性、拒酒精性和抗静电性（简称为“三拒一抗”），从而将穿着者与环境中所携带的病毒和细菌隔离开。

隔离服是用于医护人员在接触患者时避免受到血液、体液和其他感染性物质污染，或用于保护患者避免感染的防护用品，如图 4–31（b）所示，隔离服既防止医护人员被感染或污染，又防止病人被感染，属于双向隔离。

医用防护服大多以纺黏非织造材料、熔喷非织造材料、水刺法非织造材料和覆膜非织造材料为主要面料。

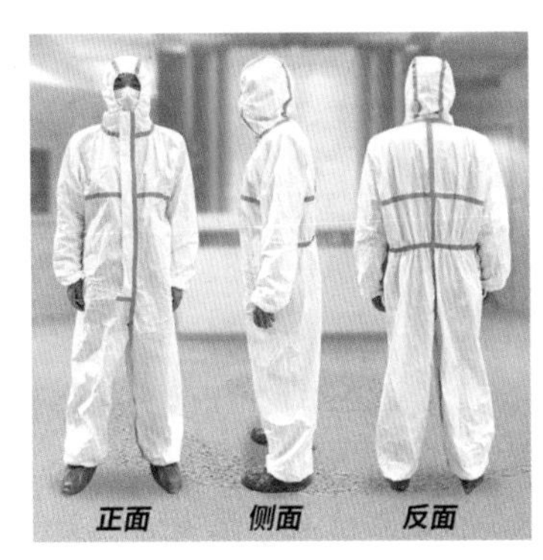

（a）医用防护服

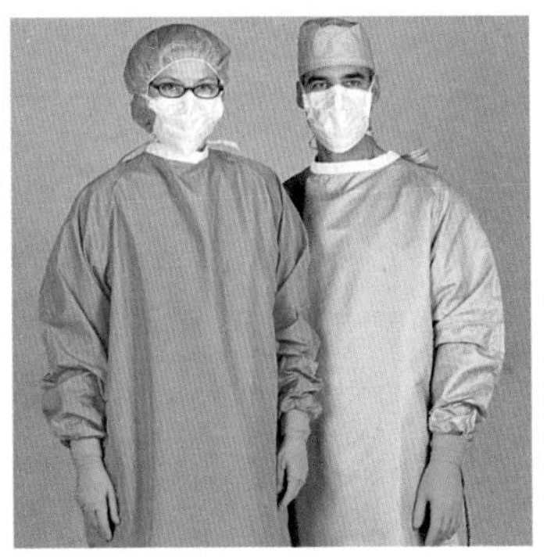
（b）医用隔离服

图 4-31　医用防护服

纺黏熔喷复合非织造材料是将纺黏（S）和熔喷（M）非织造材料利用在线或离线方法复合，如图 4-32（a）所示，经过热轧黏合形成以熔喷材料为中间层，纺黏材料为外层材料的 SMS 复合非织造材料，实物如图 4-32（b）所示。这种非织造材料将纺黏材料的高强度、横纵向强力差异小的特征和熔喷材料的高屏蔽、防水性优相结合，形成具有较强的防水性、良好的透气性与高效的阻隔性的材料，能够有效地屏蔽血液和细菌等。

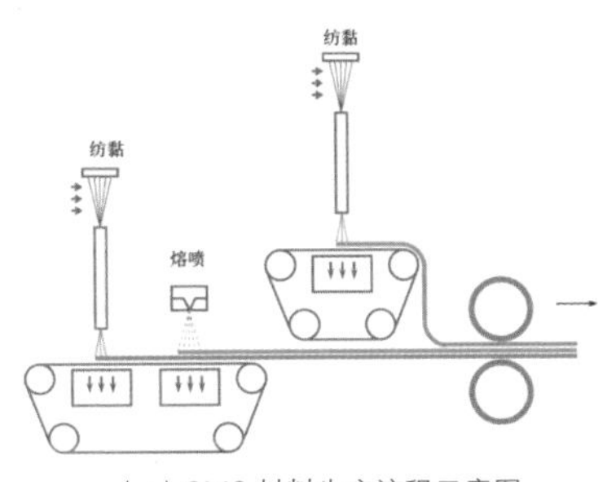

（a）SMS 材料生产流程示意图

（b）SMS 材料实物照片

图 4-32　纺黏熔喷复合（SMS）非织造材料

覆膜非织造材料通常是将非织造基材与透气微孔膜相复合，覆膜形式可以是一布一膜或二布一膜，其中透气微孔膜通常采用聚四氟乙烯、聚乙烯透气膜或弹性聚氨酯。基材采用具有一定力学性能的纺黏非织造材料或水刺非织造材料，起到保护透气微孔膜和支撑的作用。这种材料具有高拉伸断裂强度、过滤性、耐静水压性和透气性，在阻隔病毒、防止血液渗透的同时，能给人体带来舒适感。

闪蒸纺非织造材料也是医用防护服的主要面料，手感柔软，具有高强度、抗撕裂、吸湿透气以及阻隔微生物和细小颗粒等性能，可用于医用绷带、防护服等医疗卫生领域。

# 4.8 变油为清——过滤纺织品

石化工业是人类文明发展的强大动力，给人们的生活带来了极大的便利。然而，工业生产和石油类有机溶剂排放而产生的水体油类污染却严重危害着自然环境。水体油类污染是海洋污染中最普遍、最严重的污染。石油是一种很复杂的自然的有机混合物，具有一定的毒性，在极微量浓度下也可使鱼肉带有石油味。大量石油在海面形成油膜，会影响水中氧的补充和植物的光合作用。油污染会对自然环境产生多种复杂的影响，工业废水中的油类也可使地表水体遭受污染。一般来讲，油污染物异常稳定，在自然环境系统中很难自发地分解和降解；另一方面，日常生活用含油污水的排放也使内陆和近海水域的油污染日趋严重，给动物和人类的生存环境和健康带了极大危害。因此，如何有效地处理油污及有机污染物已经成为世界级的挑战。

石油类污染物主要以漂浮油、分散油、乳化油、溶解油、油—固体物等 5 种状态存在于水中。根据油水两相的比例和存在状态，油水混合物主要分为含水污油（油包水型）和含油污水（水包油型）两大类。在油包水型油水混合物中，按水相在油相中的物理状态可分为自由水、分散水、乳化水和溶解水 4 种；在水包油型油水混合物中，按油相在水相中的物理状态可分为乳油、分散油、乳化油和溶解油 4 种，如图 4–33 所示。目前常用的油水分离方法主要有重力沉降法、离心法、气浮法、生物法、化学法、过滤分离和吸附法，各种方法特点如表 4–1 所示。

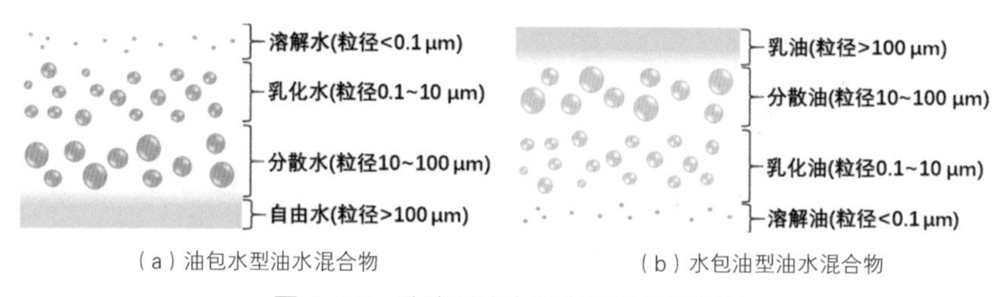


（a）油包水型油水混合物　（b）水包油型油水混合物

图 4–33　乳液型油水混合物的分散状态

表 4–1　常用的油水分离方法

| 方法 | 油水混合物类型 | | | | 分离原理 | 技术特点 |
|---|---|---|---|---|---|---|
| | 溶解态 | 乳化态 | 分散态 | 游离态 | | |
| 重力沉降法 | × | × | √ | √ | 油与水的密度差 | 成本低、分离效率低，适合污水污油的初处理 |

| | | | | | | |
|---|---|---|---|---|---|---|
| 离心法 | × | √ | √ | √ | 油与水的离心差 | 分离效率高，主要用于原油除水，成本高 |
| 气浮法 | × | √ | √ | √ | 气泡带动乳粒上浮 | 分离速度较快、分离效率低，多用于含油污水处理、成本高 |
| 生物/化学法 | √ | √ | √ | √ | 利用微生物或化学试剂实现对油的分解 | 分离效率高，多用于含油污水处理，但易造成二次污染，受到国际环保组织限制，成本高 |
| 过滤分离 | √ | √ | √ | √ | 利用多孔介质的孔结构和选择润湿性实现选择透过性分离 | 分离过程中无须加入化学试剂，无二次污染，自动化程度高，操作成本低，低能耗，使用范围广 |
| 吸附法 | √ | √ | √ | √ | 利用吸附材料多孔结构与高比表面积将油吸附到材料内部 | 操作简便、滤除率高，适用广泛 |

近年来，特殊润湿性材料的开发已成为油水分离材料研究的热点。特别是，对油和水具有明显相反亲和力的润湿性材料被认为是选择性油/水分离的最有前途的材料，按照用于油水分离的方法可分为过滤分离材料（包括网状物、纺织物、膜等）和吸附材料（包括海绵及气凝胶等）两种，如图 4-34 所示。过滤与分离材料仅允许单相的油或水渗透，阻止另一相的通过，从而达到选择性分离的目的；吸附材料则选择性地将油或水吸附到材料表面并输送到其内部的空隙中，同时排斥混合液体中的其他相。

图 4-34　选择性油/水分离材料

（1）过滤用纺织材料

纺织品被广泛应用于制造特殊的润湿性过滤材料。聚丙烯纤维由于其抗化学性能好，在液体过滤用材料中，聚丙烯机织物布和非织造织物占 50% 的份额。此外，聚酯纤维纺织品也用于液体过滤。

液体过滤时，多采用平纹、斜纹、缎纹组织的机织物。但近年来采用非织造织物在液体过滤中的应用增多，其中，针刺、黏合剂固结、浸渍法、热轧法非织造织物均已用于液体过滤。例如：针刺非织造织物已用于平板式和板框式压滤机、带式和鼓式及圆盘式过滤机等。

聚酯纤维针刺毡滤芯可实现微米级（3~100 μm）过滤，属于用毕即弃元件；尼龙和聚丙烯毡也有类似用途。纺黏非织造布常用来过滤和净化工业流体、油脂；湿法成网非织造布多用于食品（特别是牛奶等乳制品）过滤。此外，也可通过对棉织物表面亲疏水处理，来提高传统纺织物的分离效率。

目前常用的液体过滤膜主要有相分离膜、核径迹微孔膜、烧结膜、拉伸膜和纤维膜等。其中纤维膜是由纤维无规堆积或取向排列制成的膜，因其具有孔径可调范围广、孔隙率高、孔道连通性好等结构特点在液体过滤领域展现巨大的应用潜力。常规的织物、非织造布、滤纸的纤维直径粗、孔径大，因而在实际应用中往往被用于拦截较大粒径的颗粒物。

近年来，通过进一步细化纤维直径以提高纤维膜的高吸油倍率与高油水选择润湿性。一种是目前市场上用得较多的熔喷聚丙烯非织造材料；另一种则是因高比表面积和孔隙率而占据巨大结构优势的静电纺纤维膜，包括多孔纳米纤维膜、多级结构纳米纤维膜、单层及多层复合结构超亲水—疏油型纳米纤维膜等。将几种不同过滤材料的组合使用可以达到超洁净过滤。家用净水机及其对水的净化过程如图 4-35 所示。

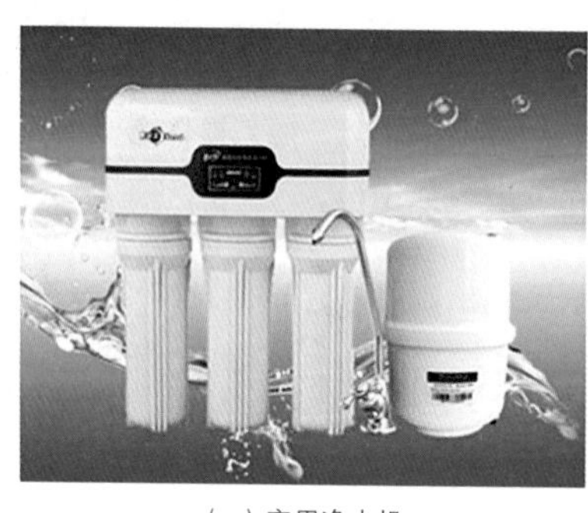

（a）家用净水机

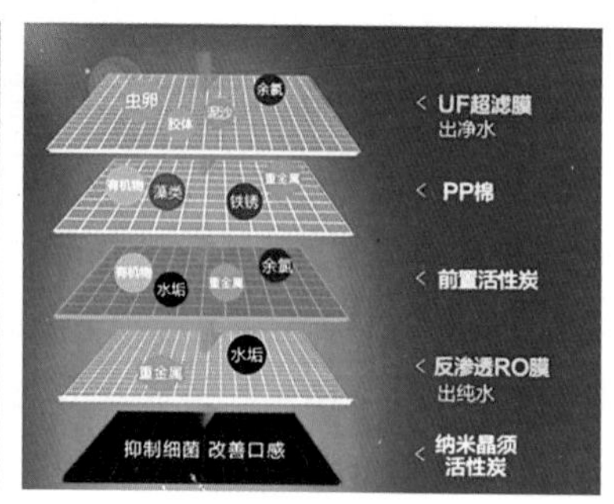


（b）净水器的工作工程

图 4-35　家用净水机及其对水的净化过程

（2）吸附用纺织材料

采用吸附材料进行油水分离被认为是一种简单可行的方法。人们用各种材料作为吸附剂去除水中的石油和其他污染物。

① 高分子基吸附织物：与其他材料相比，高分子材料具有微米级别的粗糙表面、多孔及易于化学改性的特点。此外，一些天然高分子材料，如棉纤维，还具有可再生、环保及可生物降解的优点，因而常被用于油

水分离的吸附材料。研究人员将类金刚石碳膜一步一步生长到棉织物上，成功地制备了超疏水亲油表面，结果显示出高度可控的油/水分离效率。通过 Meyer 技术将聚四氟乙烯（PTFE）纳米颗粒涂覆在棉织物表面，可得到分离效率高达 98% 的吸附材料。

② 纳米纤维膜：纤维膜的多级孔结构是影响吸附性能的一个重要因素，多孔纳米纤维膜具有比表面积大、力学性能好、易于成型加工以及表面功能化改性等优点，因而在吸附领域有广泛应用，包括有机多孔纳米纤维膜、碳基复合纤维膜、多孔陶瓷基纳米纤维膜等。

③ 三维多孔吸附材料：三维多孔材料密度低、孔隙率高和弹性好，不仅有足够的空间吸附和储存油品，还可通过挤压的方式实现油品的快速回收利用，主要有碳基三维吸附材料、纳米纤维气凝胶等。

## 4.9 守护生命——纺织人工器官

老百姓常说“人吃五谷杂粮，哪有不生病的道理”，生病的原因有很多，其中包括器官的病变或损坏。我们熟知的“冠心病”的起因就是供应心脏的动脉血管发生了硬化，而后造成血管狭窄或者堵塞，严重时会夺去人的生命。还有我们可能听说过的“缺血性心脏病”“感染性心内膜炎”等疾病，也是由于人体自身心脏瓣膜出现了病变，造成瓣膜狭窄、血液反流等情况，影响着人类的健康，威胁着人类的生命。再比如“肌肉萎缩”“运动障碍”这一类的疾病，其产生原因往往是因为周围神经损伤而导致的。上面所举的几个疾病的例子都是因为人体的某部分器官因病变或损坏而失去功能了，那么，如何进行治疗呢？最直接的方法就是进行器官移植，把坏掉的部分用人工制备的假体替换。比如，人工血管、人工心脏瓣膜、人工神经导管等。这些人工假体均可以采用机织、针织、编织等方法来制备，且部分已有商业化的产品。除此之外，体内用到的心脏支撑网、疝气修复补片、血管补片、牙周补片、缝合线等也可以用纺织方法生产制备。由此可见，纺织技术在制备高端医疗产品方面已占据越来越重要的位置，生物医用纺织品对于守护人类的健康甚至生命已不可或缺。

（1）人工血管

血管是运送血液的一系列管道，它们负责将心脏搏出的血液输送到全身的各个组织器官，以提供机体活动所需的各种营养物质，同时将代谢终产物或废物通过肺、肾等器官排出体外，血管对于保障人类进行正常生命活动具有重要的作用。

然而，多种因素导致的各类血管疾病的发病率不断上升，严重威胁着人类的生命。有些血管疾病可通过药物治疗，而有相当一部分的血管疾病必须通过手术干预，这就需要用到人工纺织血管了。比如，为避免动脉瘤（又称为动脉扩张）瘤壁破裂后导致急性大出血，需要放置腔内隔绝术用人工血管（如图 4–36（a）所示），这种人工血管是由管状纺织品与金属支架复合而成的，纺织品可以置于金属支架外部，也可以置于其内部（如图 4–36（b）和图 4–36（c）所示）。再比如，人体某部位血管因老化、栓塞或破损等不能正常供血时，需要用人工血管对其进行置换，如图 4–37 所示为人工血管产品。冠状动脉堵塞（属于冠心病）需要放置疏通支架或者进行心脏搭桥手术（如图 4–38 所示），其中搭桥手术需要用到口径比较小的人工血管（直径小于 6 mm），虽然目前小口径人工血管还没有应用到临床，但经过国内外医学、生命科学、材料、纺织等领域的研究者们几十年的研发，有望在“十四五”期间取得突破。

（a）动脉瘤的治疗

（b）金属支架在管状织物外部

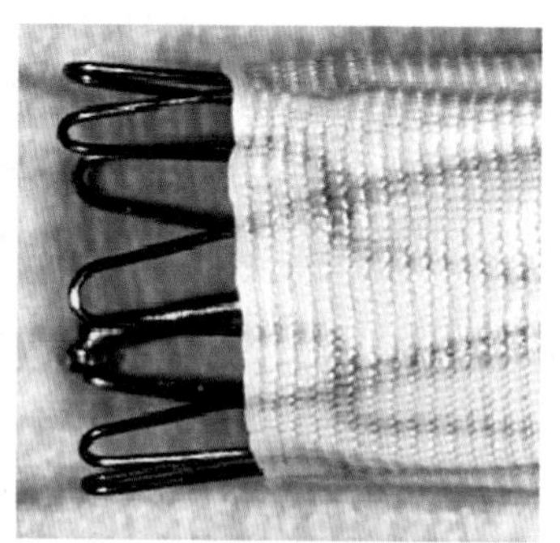

（c）管状织物在金属支架外部

图 4–36　腔内隔绝术用人工血管治疗动脉瘤及其复合方式

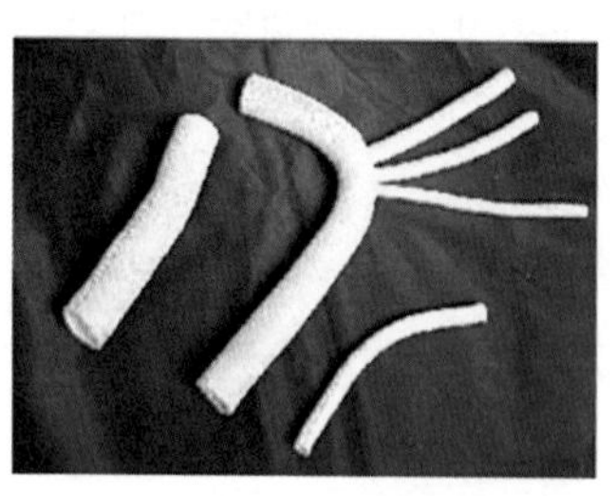

图 4–37　人工血管产品

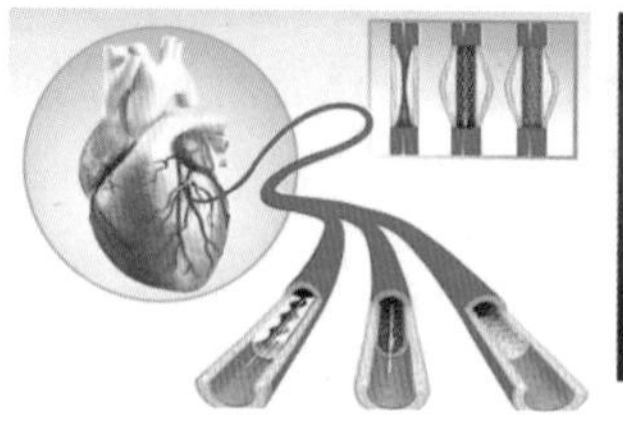

（a）放置支架

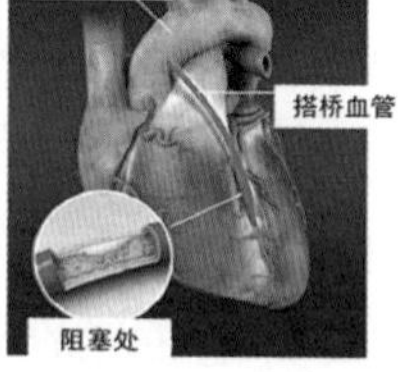


（b）搭桥手术

图 4–38　冠状动脉堵塞的治疗方法

（2）人工神经导管

我们的感觉、反应、思维都离不开神经系统。由于运动创伤或疾病等原因，周围神经损伤后，其修复、再生和功能恢复一直是神经科学研究领域中的难题和热点之一。由于周围神经结构和功能上的特殊性，其再生能力较差，大多数神经缺损无法采用直接端端吻合的方法修复。自体神经移植是目前用于修复周围神经缺损的最常用、最有效的方法。然而，自体神经移植必然伴随着供区的功能受损，且可供移植的来源有限。因此，使用神经导管代替自体神经移植来促进神经再生，有望达到神经快速生长、功能完全恢复的理想目标。管状纺织品具有一定的孔隙率，可使用可降解的长丝原料进行制备，在神经导管的研发和临床应用上有天然的优势。通过机织、编织、静电纺丝等方法制备管状物，将其应用在周围神经修复的研究及应用中，取得了良好的效果，如图 4–39 所示。

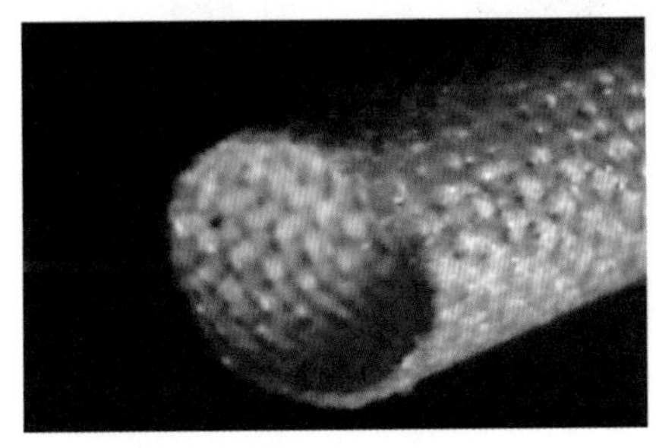

（a）纺织人工神经导管　　（b）人工神经导管的应用

图 4–39　纺织人工神经导管及其对周围神经的修复

（3）人工心脏瓣膜

人类心脏有 4 个瓣膜，左心房与左心室之间由二尖瓣分隔，右心房与右心室之间由三尖瓣分隔，左心室与主动脉之间由主动脉瓣分隔，右心室与肺动脉之间由肺动脉瓣分隔，4 个瓣膜承载着血液循环泵的作用。当心脏瓣膜发生病变，情况严重到简单成形手术已经不能解决问题时，需要用到人工心脏瓣膜进行置换手术。据不完全统计，全球每年主动脉瓣替换的病例在 30 万例左右，预计每年以约 5% 的速度递增。人工心脏瓣膜是可植入心脏内代替心脏瓣膜（主动脉瓣、三尖瓣、二尖瓣），具有天然心脏瓣膜功能的人工器官。人工心脏瓣膜包括机械瓣和生物瓣，如图 4–40 所示，其中主要结构之一缝合环（瓣环）是由纺织品构成的，较常采用聚酯（PET）长丝通过纬编针织结构来制备，纺织品所起的主要作用是连接人工瓣膜和心脏。近十几年，有学者对一体成型纺织人工心脏瓣膜也进行了研发并开展较深入地研究，如图 4–41 所示。

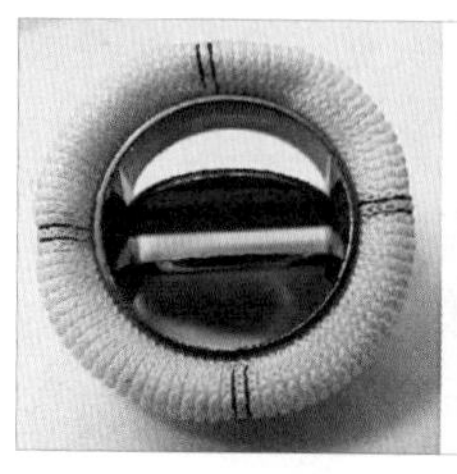

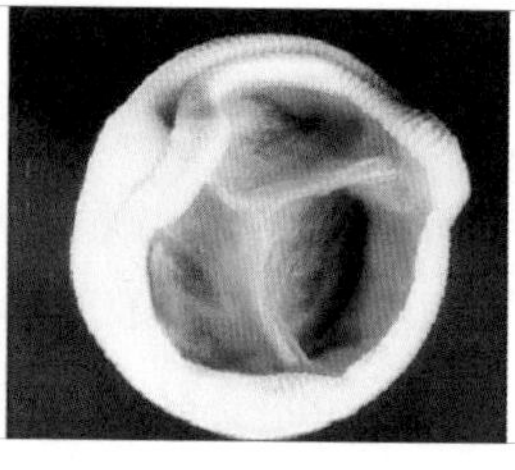

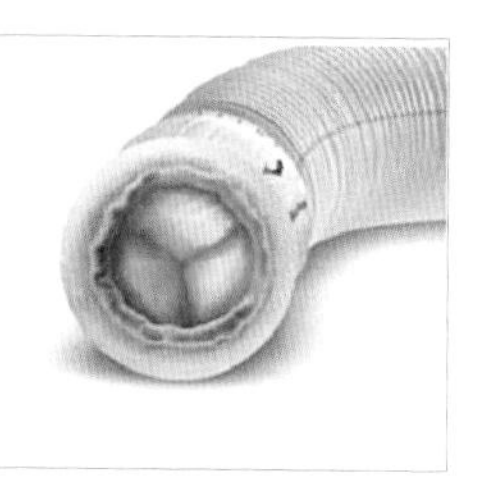

（a）机械瓣　（b）生物瓣　（c）瓣膜吻合方式

图 4-40　人工心脏瓣膜

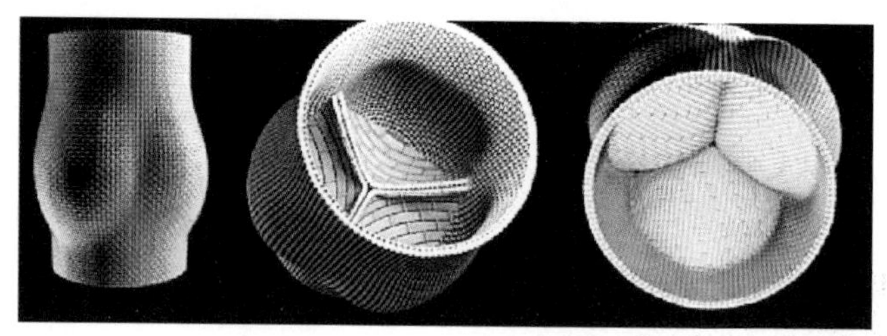

（a）外形　（b）内观图　（c）内观图

图 4-41　一体成型人工心脏瓣膜示意图

（4）其他可植入纺织品

① 疝气修复补片：疝气是指人体内组织或器官离开正常的解剖位置，通过先天或后天形成的薄弱点、缺损或孔隙进入另一部位的疾病，如图 4-42（a）所示。其中，以腹壁疝最为普遍。目前治疗疝气的主流方法是用疝修补片加固缺口的无张力疝修补术。由纺织经编工艺制备的补片，因孔隙率高、柔韧，顺应性好，且织物形状稳定性好、不易脱散、强度高，成为临床最常用的疝修补片，如图 4-42（b）和图 4-42（c）所示。

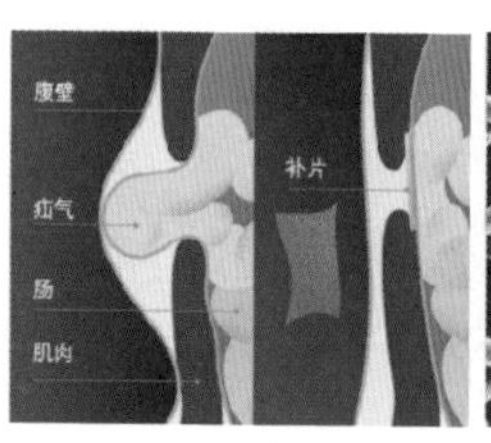


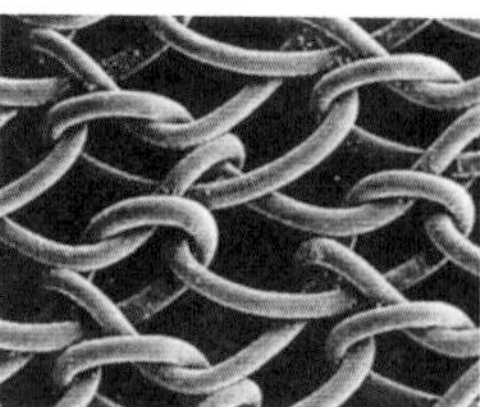

（a）疝气及其治疗示意图　（b）聚丙烯单丝针织结构　（c）聚酯复丝针织结构

图 4-42　纺织结构疝气修复补片

② 可降解输尿管支架管：输尿管支架管是放置在患者输尿管内部的中空管状支架，主要作用是支撑输尿管，并将尿液从肾盂内引流入膀胱，促进输尿管切口的愈合并能预防输尿管狭窄，如图 4-43 所示。可降解输尿管支架管不需术后 2 次拔出，可减轻病人痛苦，具有广阔的应用前景。目前，采用编织结构制备的可降解支架管已进入临床试验阶段，其原料为聚乙醇酸（PGA）以及由聚乳酸（PLA）和 PGA 共聚物 PLGA 纤维，

经编织形成管状后，再进行涂层，获得膜和纤维双组分结构的支架管，具有良好力学性能。

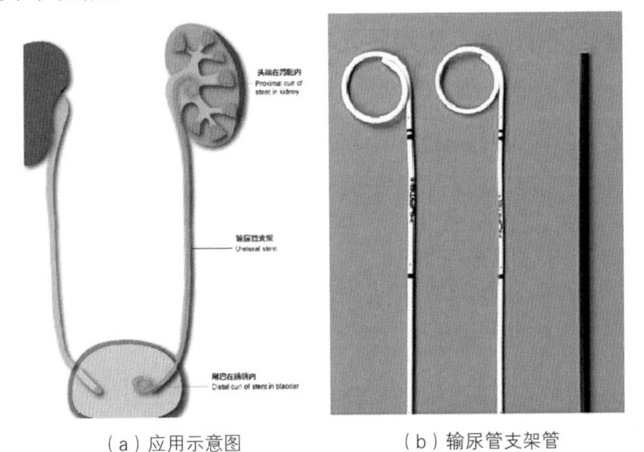


（a）应用示意图　　（b）输尿管支架管

图 4-43　输尿管支架管及其应用示意图

③ 心脏支撑网：心血管疾病的长期影响会导致慢性心脏衰竭，心脏越来越大而致心脏瓣膜渗漏，对心肌增加压力。通过纺织中的经编方法制备的心脏支撑网，如图 4-44 所示，可固定心脏形状，防止心脏的进一步扩张。

④ 手术缝合线：是最早应用于人体内的纺织品之一，可分为不可吸收型和可吸收型。不可吸收缝合线有棉纤维、蚕丝、聚酰胺、聚酯、聚丙烯、金属等，可吸收缝合线有羊肠线、胶原缝合线以及 PLA、PGA、PDS（聚对二氧环己酮）等合成高分子材料制成。从结构上，缝合线可以分为单丝型、加捻型、编织型等。单丝型缝合线是由一根纤维构成的，加捻型缝合线是将两根或两根以上单丝在加捻机上并合加捻而成，编织型缝合线是在锭式编织机上编织而成的，如图 4-45 所示。

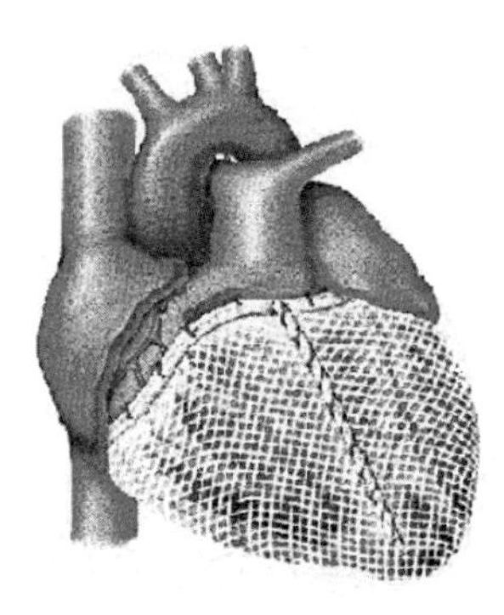

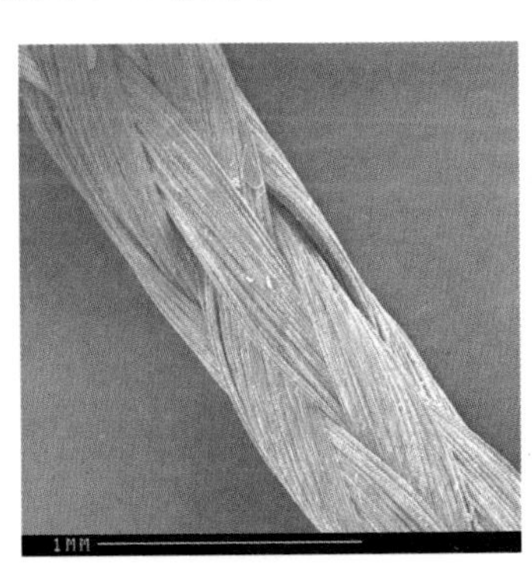

图 4-44　编织结构的心脏支撑网　　图 4-45　编织型缝合线

## 4.10 修复伤口——蚕丝医用敷料

“春蚕到死丝方尽，留赠他人御风寒。”由一只小小的蚕分泌丝液并吐出后凝固成的连续长纤维就是蚕丝，蚕丝是被人类最早利用的纺织纤维之一，约在 4 000 多年前中国人就将蚕丝制作成各种丝织品。到了现代，人们发现蚕丝具有良好的生物相容性，将其用到生物医学领域取得了良好的效果，蚕丝手术缝合线在临床上的成功运用就是一个很好的例子。后来，随着科学家对蚕丝结构和性能研究的深入，发现将其作为医用敷料具有广阔的发展前景。

皮肤是人体最大的器官，具有十分重要的物理、化学及生物屏障功能，包括防止水分及电解质等流失以及免疫、传感等功能，对维持人体内环境稳定和阻止微生物侵入起着重要的作用。当皮肤受到创伤、烧伤、溃疡等破坏时，会引起细菌感染、营养和水分流失、免疫功能失调等一系列问题。细菌感染会进一步导致伤口愈合缓慢、软组织缺失、截肢甚至死亡。因此，理想的伤口敷料是护理的首要需求。敷料是包扎伤口的用品，用以覆盖和保护创面。敷料不仅可以使人体避免遭受更大的伤害，而且在皮肤重建之前能够暂时性起到部分屏障作用，为创面恢复提供一个有利的环境。因此，在伤口的治疗和护理过程中，敷料是必不可少的。理想的伤口敷料的设计应包括为伤口提供湿性愈合环境，无毒性，具有一定的柔韧性、透气性、抗菌性等。蚕丝及其制品因具有优良的生物相容性、生物可降解性、机械性能、吸水性和低免疫原性而被广泛应用于医用敷料。

蚕丝主要由丝素和丝胶这两种蛋白质组成，其中丝素蛋白的含量占家蚕丝重量的 70%~80%。丝素蛋白和丝胶蛋白用作医用敷料的研究均有相关报道，丝素含有包括乙氨酸、丙氨酸、丝氨酸、酪氨酸在内的 18 种氨基酸，对人体具有良好的亲和性，且其力学强度较高，所制成的材料具有良好的吸湿透气性以及促进细胞生长、增殖、迁移、分化等生物学性能，可加快伤口的愈合速度。此外，丝素蛋白降解的最终产物为氨基酸或寡肽，易被机体吸收，对机体无毒无害。因此丝素蛋白用作医用敷料具有更加广阔的前景。丝素蛋白的获取方法比较简便，可通过对蚕丝进行脱胶—溶解—透析—离心的步骤获得，如图 4–46 所示。所得的丝素水溶液可通过多种方法制备成多孔海绵、水凝胶、薄膜、微纳米纤维垫、微球等材料，使其作为医用敷料的形式更加多样化，如图 4–47 所示。

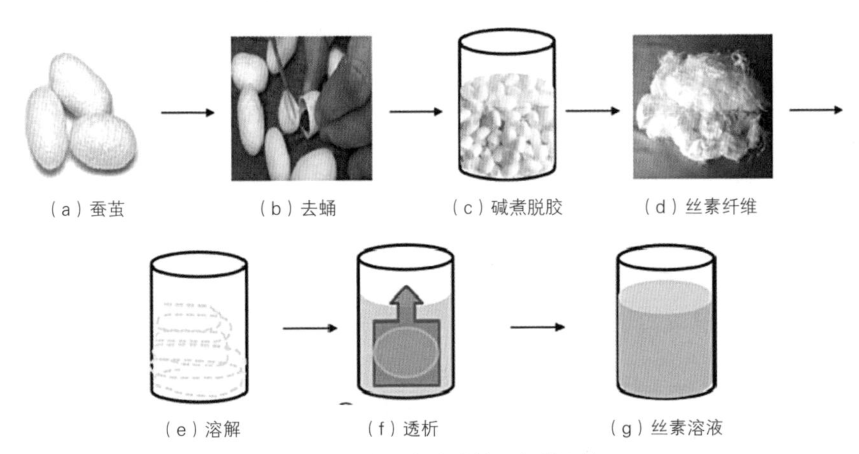


图 4-46　丝素蛋白溶液的一般获取流程

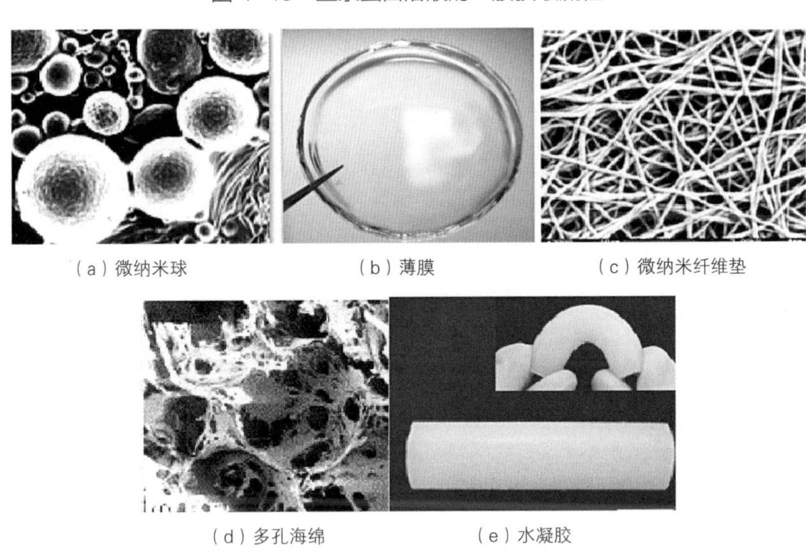


图 4-47　丝素水溶液可制备的不同材料形式

目前已有丝素蛋白创面敷料上市，该敷料由上下两层组成，下层是丝素蛋白敷料的主体，上层是医用硅胶膜，如图 4-48 所示。

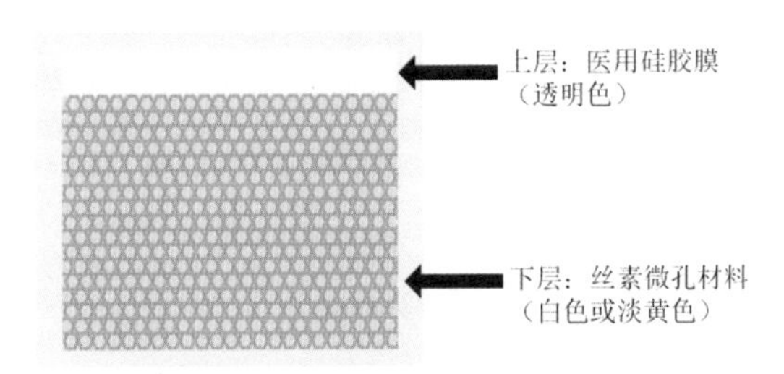


图 4-48　蚕丝医用敷料的两层结构

① 显著的生物活性：丝素蛋白富集创面活性因子，可激发创面皮肤修复细胞的迁移、增殖，启动皮肤的自修复潜能，诱导皮肤的快速生长，具有显著促进创面愈合的生物活性。

② 优异的生物相容性：丝素蛋白纯度高，不含其他生物或化学杂质，

无交叉感染风险，经医疗器械检验机构权威检验，丝素蛋白创面敷料无细胞毒性，无致敏性，无皮肤刺激性，无遗传毒性，生物安全性可靠。

③ 显著减轻创面疼痛：特殊结构的蚕丝丝素微孔材料智能化调节与创面组织的相互作用，治疗过程中不疼痛。

④ 有效防止创面感染：丝素蛋白创面敷料覆盖创面后，能有效避免创面暴露、阻止微生物入侵，避免体液大量流失，抑制炎性细胞增殖和创面积液，可智能化调节创面微环境，防止创面感染。

⑤ 一次治愈：大多数创面能够一次治愈，直至丝素蛋白创面敷料从创面自行脱落，中途不需换药，减轻医护人员的劳动强度，减轻患者的痛苦和经济负担。

⑥ 愈合后皮肤美观：抑制创面细胞的异常分化、愈后的皮肤柔软、美观。

丝素蛋白还可以与其他天然材料（如海藻酸钠、壳聚糖等）、人工合成材料（如聚氨酯、聚乙烯醇等）、天然提取物（如姜黄素、橄榄叶提取物等）以及无机材料（如纳米银、纳米 ZnO 等）通过共混、复合等方式制备成多孔海绵、水凝胶、复合薄膜等不同形式的医用敷料样品，在抗菌、促进伤口愈合等方面各自具有其独特的优势，如表 4–2 所示。

表 4–2 几种含丝素蛋白的医用敷料

| 敷料形式 | 原材料 | 特点 |
| --- | --- | --- |
| 多孔海绵 | 丝素蛋白 / 海藻酸钠 | 促进细胞增殖 |
| | 丝素蛋白 /N–（2– 羟基）丙基 –3– 三甲基壳聚糖氯化铵 / 聚乙烯醇 | 更加有利于慢性伤口的恢复 |
| | 丝素蛋白 / 羧乙基壳聚糖 / 银纳米粒子 | 较高的抗菌活性、孔隙率、吸水率和保水性能 |
| 水凝胶 | 丝素蛋白 / 海藻酸钙 / 羧乙基壳聚糖 | 优良的细胞黏附性和生物相容性，适用于治疗二度烧伤，愈合快 |
| | 丝素蛋白 / 壳聚糖 /L– 脯氨酸 | 用于糖尿病、烧伤等慢性创面，能促进细胞黏附、增殖 |
| | 丝素蛋白 / 聚氨酯 | 优异的膨胀、溶胀性能和合适的机械性能 |
| | 负载姜黄素的丝素蛋白凝胶 | 提高伤口愈合能力 |
| 纳米纤维基质和支架 | 丝素蛋白 / 麦卢卡蜂蜜 / 聚氧化乙烯 | 良好的生物相容性，促进伤口愈合 |
| | 丝素蛋白 / 橄榄叶提取物 / 叶绿酸 | 无毒，适用于伤口敷料 |
| | 丝素蛋白 / 维生素 E/ 聚乙烯醇 / 芦荟 | 用于治疗皮肤伤口的抗菌和潜在敷料 |

续表

| | | |
|---|---|---|
| 纳米纤维基质和支架 | 丝素蛋白/银纳米粒子<br>丝素蛋白/二氧化钛<br>丝素蛋白/壳聚糖<br>丝素蛋白/羊膜三维双层人工皮肤支架<br>丝素蛋白/甲壳素/银纳米粒子支架 | 抗菌<br>在紫外线下显示出对大肠杆菌的抗菌活性<br>抗菌，生物相容性好<br>促进了三度烧伤后细胞外基质的重建<br>良好的抗菌活性、生物降解性、机械性能，细胞相容性 |
| 微/纳米粒子 | 丝素蛋白—纳米粒子水凝胶敷料<br>胰岛素功能化的丝素蛋白 | 与市售敷料相比，结构稳定，吸水率和膨胀率提高，细胞生长速度加快，烧伤面积减小，胶原纤维生长加快<br>慢性创面表现为创面闭合、胶原酶沉积和血管化 |
| 复合薄膜 | 丝素蛋白/壳聚糖<br>丝素蛋白/壳聚糖/海藻酸二醛<br>生长因子功能化的丝素蛋白<br>聚乙烯醇增强丝素蛋白<br>重组蜘蛛丝素蛋白/聚乙烯醇<br>不对称可湿壳聚糖/丝素蛋白/银纳米粒子复合膜<br>表皮生长因子修饰的丝素蛋白薄膜<br>丝素蛋白/聚乙烯醇/ZnO纳米颗粒<br>壳聚糖-ZnO纳米粒子复合涂层丝素蛋白/聚乙烯醇 | 良好的透氧性和水蒸气性，止血活性，可生物降解性。吸收能力强，流动性好，生物相容性好<br>增强稳定性，促进细胞增殖<br>增强巨噬细胞黏附力，提高伤口愈合能力<br>生物降解性、结晶度、力学性能、热性能均得到改善<br>较高的孔隙率，促进大鼠伤口愈合<br>高孔隙率，保湿能力，适当的机械刚度，抗菌活性和高度的生物相容性<br>提高了伤口愈合率、再上皮化、细胞增殖、胶原合成和减少疤痕形成<br>与对照丝素蛋白/聚乙烯醇复合薄膜相比，增强抗菌活性、肿胀、凝血、细胞活力<br>提高机械性能，膨胀能力，孔隙率，抗菌活性，生物相容性 |

## 4.11 飞入蓝天——飞行器用纺织复合材料

纺织复合材料是将纤维、纱线或者织物等作为增强体，再以各类树脂或其他材料作为基体，采用真空辅助成型、模压成型等复合工艺将增强体与基体复合在一起形成的产物。因其高模量，高强度，尤其是在受到冲击、挤压、拉伸等高强外力作用时，表现出较高的损伤容限，优异的耐疲劳性、高的断裂韧性、抗开裂分层以及优异的可设计性、低制造成本等优势广泛应用于航空航天领域。纺织复合材料在飞行器中所占的比重也越来越高，包括民航飞机、军用飞机、火箭以及卫星等。

（1）民航飞机用纺织复合材料

民航飞机要求复合材料具有高强度、高模量、强的抗疲劳性、耐高温、耐腐蚀、低成本以及较长的使用寿命。复合材料在民航飞机上的应用部位主要有舱门、翼梁、减速板、尾翼结构、油箱、舱内壁板、地板、天线罩和起落架门等。碳纤维复合材料在民航飞机机构上的应用最为广泛，几乎达到了复合材料应用总量的 60% 左右。如图 4–49 所示为复合材料在常见民航飞机结构中的应用分布。

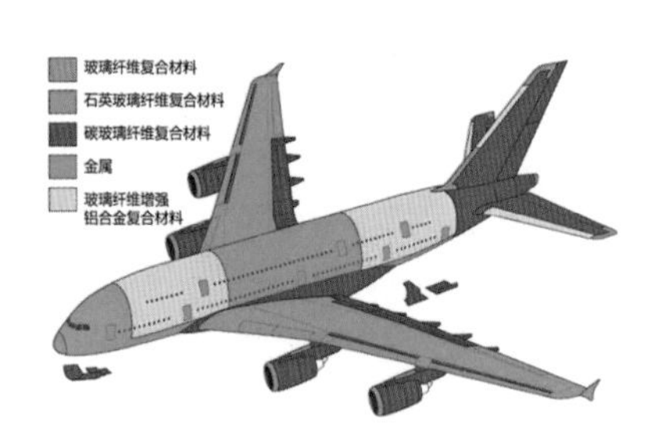


图 4-49　常见客机的复合材料分布图

民用飞机蒙皮是指包围在飞机骨架结构外且用黏接剂或铆钉固定于骨架上，形成飞机气动力外形的维形构件。蒙皮承受空气动力作用后将作用力传递到相连的机身机翼骨架上，受力复杂，加之蒙皮直接与外界接触，所以不仅要求蒙皮材料强度高、塑性好，还要求表面光滑，有较高的抗蚀能力。蜂窝夹芯结构蒙皮将金属材料与纺织结构相结合，由两块薄而强硬的面板以及面板间比重轻、尺寸较厚、承载能力相对较弱的纺织蜂窝结构组成，满足了民用飞机蒙皮的使用要求。

如图 4–50 所示为民航飞机中拖曳杆的加工过程，采用三维编织方法将碳纤维丝束编织在泡沫模具表面，而后通过脱模，RTM 成型方法制得拖曳杆。通过结构设计在满足力学性能要求的情况下实现了减重。

（a）三维编织拖曳杆预制件

（b）预制件编织过程

（c）预制件的 RTM 成型

（d）拖曳杆组装结构图

图 4-50　民航飞机拖曳杆

如图 4–51 所示为 GEnx 发动机，作为世界上最先进的发动机，其风扇机匣由复合材料加工而成。以 T700 碳纤维和 PR520 环氧树脂复合，制备过程采用二维三轴编织技术制造预成型体，RTM 技术整体成型。复合材料机匣包容性能及强度均优于金属机匣，且比金属机匣轻 154 kg，可使一架飞机减轻质量 363 kg，而且不会被腐蚀、便于维护。

(a) GEnx 发动机

(b) 风扇机匣叶片

图 4-51　GEnx 发动机风扇机匣

空中客车 A400M 大型运输机（如图 4-52（a）所示）是一款介于战略与战术运输之间的机型，为欧洲最先进的大飞机，其中的 4 台 TP400-D6 涡轮螺旋桨发动机的 5.3 m 长的叶片（如图 4-52（b）所示）采用碳纤维丝束二维编织的方法制备得到（如图 4-52（c）所示），具有轻质高强的特点。在发动机的旋转下，叶片为飞机提供了强大的升力，从而可以在空中完成很多其他大型运输机无法完成的动作。

(a) A400M 运输机

(b) 螺旋桨

(c) 螺旋桨叶片编织过程

图 4-52　空中客车 A400M 运输机

(2) 军用飞机用纺织复合材料

军用飞机使用的复合材料要求更高。在不改变飞行器刚度、强度、抗疲劳性、抗震性以及热膨胀系数等重要安全性能的前提下，采用碳纤维、玻璃纤维等复合材料，可以极大降低飞行器的质量，增加续航以及降低成本。以 RQ-4“全球鹰”无人机为例（如图 4-53 所示），其机翼、发动机短仓、整流罩以及雷达罩等均采用了纺织复合材料，占总材料用量的 60% 以上。

军用飞机上的天线罩在保护天线的同时还需满足雷达信号的传递，常采用介电系数较小的石英纤维、玻璃纤维等通过变截面机织的方法，织造出各种异型截面的织物，经树脂固化后制得。

（a）美军全球鹰无人机

（b）战斗机

图 4-53　军用战机天线罩

（3）航天器用纺织复合材料

在火箭的壳体材料和发动机壳体材料中，相较于传统的钢或铝合金结构壳体，采用碳纤维 / 环氧树脂或者芳纶纤维 / 环氧树脂复合材料，可减轻 50% 左右的重量，同时可以促进发动机性能的显著提升。

图 4-54　P80 发动机喷管

P80 固体火箭发动机（如图 4-54 所示）是具有多项新技术的发动机，也是迄今为止最大固体动力运载火箭织女星的第一级发动机，同时还是最大的整体式碳纤维（IM-7）/ 环氧复合材料壳体发动机，取代了之前的钢壳体后，不仅减轻了质量同时也降低了成本。P80 发动机采用了准三维碳 / 碳复合材料喷管，喷管设计上减少了部件数量，喷管喉衬和扩张段都采用了 Naxeco® 针刺复合材料。通过针刺将商用碳纤维直接置入碳布的方法制造，纤维比例 30%~35%。Naxeco 类似炭毡，但它的针刺方向是径向的，经过气相渗透的 Naxeco 可以用来制造喉衬，经过液相渗透的 Naxeco 可以用来制造喷管的热防护层。与编织 4D Sepcarb C/C 相比，Naxeco 易于机械化，可降低成本。

卫星也是纺织复合材料的重要应用领域之一，目前常采用碳纤维复合材料来替代以往的金属复合材料，这样不仅可以大幅度降低卫星结构的质量，采用轻型化的设计，能降低卫星发射成本，增加经济性，也能同时满足卫星结构在刚度和强度上的需求。如图 4-55 所示为 490N 型卫星发动机的支架，同样采用的是具有耐高温特性的双马基树脂与碳纤维进行复合，替代了之前的环氧树脂与碳纤维复合材料，并且采用了耐高温的胶黏剂，采用新型纺织复合材料后，发动机支架最高耐温性达到了 200 ℃。

空间站低轨环境飞行时，因原子氧含量极为丰富，容易对电池附着材料氧化，为此卫星常用比较重的全刚性电池帆板。我国成功自主研发出高强度、低延伸度、高柔软性的特种玻璃纤维，并开发出适用于该特种玻璃纤维的经编机和经编工艺，成功地把玻璃纤维织物做成了网格形，如图 4–56 所示。使全刚性电池帆板变成了半刚性电池。一方面有效地帮助电池帆板减轻重量，另一方面使电池帆板能透过网格进行正反双面发电，发电量可以比以前提高 15%。

图 4–55　490N 型卫星发动机支架

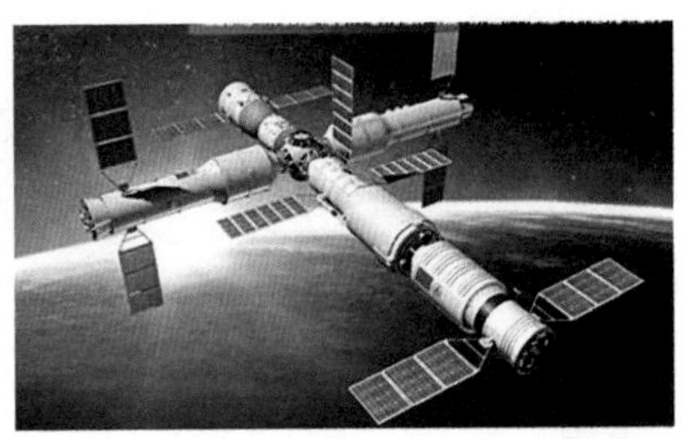

图 4–56　天宫二号和神舟十一号半刚性电池帆板

## 4.12　助力汽车续航——车用纺织复合材料

近 20 年，汽车行业的快速发展促进了车用纺织复合材料的发展。由于节能减排的需要以及急速加速的需求，汽车轻量化已成为世界汽车发展的一个主潮流。汽车的轻量化，是在保证汽车的强度和安全性能前提下，尽可能地降低汽车整备质量，从而提高汽车的动力性，减少燃料消耗，降低污染排放，助力汽车续航。车用纺织复合材料成为汽车轻量化的首选手段之一。

自开始制造汽车以来，复合材料便以各种形式用于其中。1908 年，美国福特汽车公司第一款大批量生产的 T 型车，其引擎盖采用了天然复合材料——由木头制造而成。随后，很多汽车的车身框架、车底板和汽车装饰品等也采用木质材料制成。在汽车制造史上，复合材料被大规模用于汽车部件的一个典型案例是汽车轮胎：轮胎橡胶基体中含有大约 50% 的炭黑，可显著提高轮胎的耐磨性；轮胎纵向排有纤维和钢丝，可大大增加轮胎的结构强度。这是典型的人工合成复合材料在汽车领域的应用案例。1969 年，纺织复合材料在汽车工业中有了突破性发展。当时一辆采用碳纤维复合材料车身的福特 GT40 型赛车在拉力赛中夺魁。从此，纺织复合材料被广泛用于汽车工业中。

车用纺织复合材料具有很高的比强度和比模量，且具有良好的抗疲劳性能、减震性能和吸声隔音效果，在赛车、跑车、轿车、客车、货车及特种车辆等交通工具中得到广泛应用。从次结构件到主承力结构件，车用纺织复合材料均可替代原有金属材质。目前在汽车工业中应用的复合材料包含：车身、车门、横梁、底盘、驱动轴、变速器支架、悬臂梁、钢板弹簧减速器、座位架、油箱、行李箱板和方向盘等。

世界上已有多台全复合材料车问世，如 F-1 赛车车体结构（如图 4-57 所示）含有 75% 碳纤维复合材料，采用硬壳式结构一体成型，提高了加减速性能和安全性能；意大利研制的 K200Road 双座全复合材料汽车，采用热压罐法整体一次成型技术，将连接件镶嵌在车体内，车体质量仅 300 kg，当时号称世界上最轻的双人座轿车；荷兰人甚至研制了一个全复合材料电动超级巴士（如图 4-58 所示），可乘 24 人，车速达 250 km/h，其主用材料为碳纤维 T700-12k/ 环氧树脂复合材料；英国 AXON 汽车公司研制了一款碳纤维节能汽车，较钢制减重 40%，油耗为 35 km/L，车速可达 140 km/h，且价格不高于金属车。

（https://www.Sohu.com/a/343-131612401641）

图 4-57　复合材料赛车车体（莲花车队）图 4-58　荷兰全复合材料超级巴士

车用纺织复合材料的分类方法有很多，以下从合成纤维类、碳纤维类、天然纤维类三个方面作简要说明。

（1）合成纤维类

合成纤维在汽车行业中主要用于车门内饰面料、顶棚、座椅面料等。涤纶具有价低、耐磨等特点，占车用合成纤维总量 80% 以上。锦纶具有较好的弹性和耐磨性，可用于汽车安全气囊。丙纶在密度上轻于涤纶、锦纶，主要用于车用地毯及脚垫。腈纶具有良好的抗紫外性能，适于做汽车的顶棚和有篷汽车的车篷，但所占比例较少。安全气囊系统中纤维用量占二分之一以上。目前，安全气囊所用材料主要是超强力 PA66 纤维平纹布，表面涂敷橡胶类物质，或是直接采用高密织物。自有安全气囊以来，一直采用 PA66 纤维，从最早的 970dtex 到 700dtex、350dtex 及

230dtex，以满足安全气囊小型化、轻量化和高性能化的需求。

（2）碳纤维类

如图 4-59 所示，车用纺织复合材料中，碳纤维用量较多，且多以大丝束（24k 以上）或较大的小丝束（如 12k）为主。通过调整材料的形状、排布、含量，并结合一次成型工艺，可在满足机械性能的同时，减少构件接头数量，以提高整体强度。碳纤维增强复合材料具有高比强度和高比模量，拉伸强度高于铝、钢，机械性能优良，在碰撞吸能中的吸收率是铝和钢的 4~5 倍，可在减轻车身质量的同时，保持强度、刚度及防撞性能不损失。

车用碳纤维复合材料可用于汽车的 6 个主要系统：①发动机系统：挺杆、连杆、摇臂、油箱底壳、水泵叶轮和罩等；②传动系统：传动轴、万向节、减速器、壳罩等；③制动系统：刹车盘；④底盘系统：纵梁、横梁、支架、车轮、板簧等；⑤车体系统：引擎盖、翼子板、散热器罩、保险杠、车灯架、车厢、行李架、地板、门窗框架、尾翼、扰流板等；⑥附件：排气筒、仪表板总成、方向盘、内饰等。

如图 4-60 所示为碳纤维复合材料汽车底盘车架。碳纤维增强聚合物基复合材料是目前用于制造汽车底盘车架主要结构的最轻材料。预计碳纤维复合材料的应用可使汽车底盘减轻质量 40%~60%，相当于钢结构质量的 1/3~1/6。

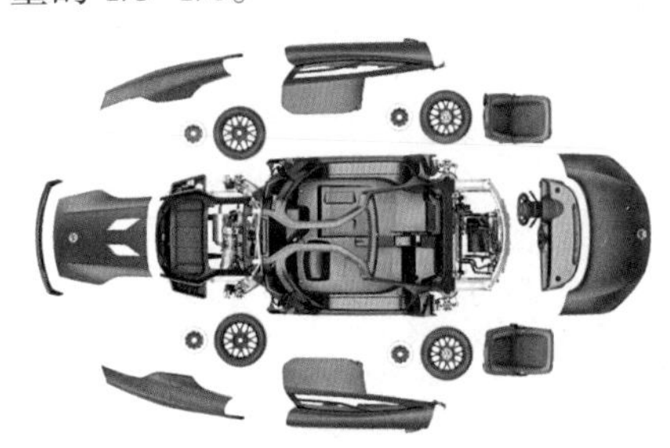

（https://www.autohome.com.cn/tech/201310/642626.html）

图 4-59　汽车中的碳纤维复合材料部件

（https://www.Sohu.com/a/215056206_568650）

图 4-60　碳纤维复合材料汽车底盘车架

碳纤维制动盘能在 50 m 距离内将汽车速度从 300 km/h 降到 50 km/h，制动盘温度会升高到 900 ℃以上，而碳纤维制动盘能够承受 2 500℃的高温，具有非常优良的制动稳定性。

汽车传动轴的受力情况比较复杂，尤其要承受很大的扭矩。碳纤维增强复合材料传动轴能够替代原金属产品。碳纤维传动轴不仅可以满足使用要求，而且可以减轻 60% 重量，具有更好的耐疲劳性和耐久性。

碳纤维复合材料在发动机罩和车身（如图 4–61 所示）上也有大量应用。20 世纪 90 年代，美国通用公司开始开发树脂基碳纤维复合材料车身零部件，通用雪佛兰 CorvetteZ06 轿车采用碳纤维环氧树脂制造了发动机罩。丰田 Mark X G Sports 车型采用碳纤维复合材料制造发动机罩，较钢制发动机罩减轻 6 kg。北京汽车成功研发了碳纤维复合材料发动机覆盖件，较钢制发动机覆盖件减重 17 kg。

宝马通过与西格里、三菱丽阳等企业合作，首次实现大批量采用碳纤维复合材料制造汽车。宝马旗下的 i3、i8 到新 7 系均实现了碳纤维车身量产。其中，i3 使用 200~300 kg 碳纤维复合材料，减重达 250~350 kg，整车仅重 1 224 kg。2016 年，奇瑞汽车公司开发了一款混合动力汽车，采用碳纤维复合材料制备车身和部分零部件，其整体减重达到 48%，车辆的抗冲击和操控性能均得到显著提升。

（3）天然纤维类

天然纤维复合材料常用于汽车内装饰件与外部结构件，如图 4–62 所示为丰田纺织的洋麻门饰板。大多采用麻类增强纤维，与热固性或热塑性树脂复合成型，用于汽车内装饰件及外部结构上，如仪表板、车顶、车身板、车门等，可减重 10%~30%，具有低成本、易成型、可再生和原材料来源广等特点。目前，福特、宝马、奥迪、雷诺、沃尔沃等公司均有应用。

（http://auto.163.com/21/0220/13/G39K9BD600089BTC.html）

图 4–61　碳纤维车身

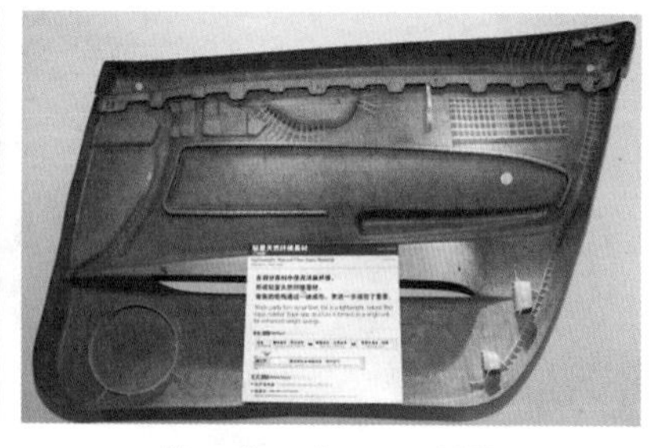

（http://auto.ifeng.com/shijia/20150424/1039496.shtml）

图 4–62　丰田纺织的洋麻门饰板

## 4.13 轻质“钢筋”——建筑用纺织材料

说到“纺织”大家脑海里第一时间浮现的也许是柔软、舒适的服装，也许是唯美、飘曳的窗帘，可能很少会和硬邦邦的建筑混凝土联想到一起。相信大家都听说过钢筋混凝土，钢筋在混凝土中主要是起到承受和分担外来作用力以增强混凝土的作用。其实纺织材料同样可以添加到混凝土中，提高其抗拉、抗弯、抗震、抗冲击强度以及延伸率和韧性，抑制混凝土裂纹的进一步发展，从而提高混凝土的抗裂性和耐久性。纺织材料除了可以改善混凝土的力学性能外，还具有质量轻、耐腐蚀的特点，可以制备高强高韧轻质抗腐蚀的特种混凝土制品，如图 4-63 所示。在混凝土基体中加入高性能纤维或织物可以开发超高韧性混凝土基复合材料，来满足大跨度混凝土结构件、混凝土保护层以及桥梁维修与加固、高抗震结构等领域的需求，已成为超高性能混凝土开发的重要方向。

图 4-63 纤维增强超高韧性混凝土

纺织材料在建筑墙体中使用的历史可以追溯到一千多年以前。最早人们是采用稻草秸秆或动物毛发等天然动植物纤维与泥浆或火山灰混合，以增加其韧性和强度。我国古代就曾把稻草秸秆掺杂到土砖中提高抗裂性能；古埃及人曾用动物毛发加强陶制品；古罗马人曾用剪短的马鬃提高石膏的强度。这些都是早期人们利用纤维来增强混凝土的智慧体现。

自 19 世纪 20 年代波特兰水泥问世以来，混凝土已经成为现代建筑工程中用量最大的材料。混凝土材料虽然具有很高的抗压强度，但抗拉性能差，易开裂，严重影响其使用的耐久性。随着合成纤维生产技术的发展，人们开始逐步探索采用高弹性模量、高抗拉强度的短切纤维增强混凝土，如：碳纤维、玻璃纤维、聚丙烯（PP）纤维、聚乙烯醇（PVA）纤维、聚丙烯腈（PAN）纤维、聚甲醛（POM）纤维等，均能显著提高混凝土基体的抗拉强度，并且有效抑制裂缝的扩展，具有类似钢筋的作用。因此，合成纤维又被称为纤维增强混凝土复合材料（Fiber Reinforced Concrete Composites，FRCC）中的软“钢筋”。

FRCC 可以解决钢筋增强混凝土中钢筋锈蚀、干扰磁场等问题。在纤维混凝土研究的基础上，又出现一种织物增强混凝土（Textile Reinforced Concrete Composites，TRCC）。TRCC 中的织物由经纬纱线按照特定的方式交织在一起，可以赋予 TRCC 优异的抗拉和抗弯曲性能。同时，其作为一种特殊的建筑材料，可实现增强、修复、防水、隔热、吸音、视觉保护、防晒、耐腐蚀、减震等多种功能。

按照添加到混凝土中纺织材料形状的不同，建筑用纺织材料可以分为纤维材料、平面织物和立体 3D 织物。

（1）建筑用纤维材料

作为混凝土增强材料的纤维主要是天然纤维和合成纤维。天然纤维因易降解导致混凝土性能恶化，因此具有一定的局限性。合成纤维因为自身强度高、耐腐蚀、化学稳定性好而备受关注。常用的合成纤维有聚乙烯醇纤维（PVA）、聚丙烯纤维（PP）、聚丙烯腈纤维（PAN）、聚甲醛纤维（POM）等，均可以有效改善水泥脆性和易开裂问题。

PVA 纤维俗称“维伦”，在建筑中的应用以日本可乐丽公司生产的 KURALON™ K- Ⅱ（新型 PVA 纤维）纤维为典型代表，有“软钢筋”之称。高强高模 PVA 纤维，其抗拉强度和弹性模量非常高，抗拉强度可以达到 1 500 MPa，与低碳钢纤维相当（1 000~2 000 MPa），在水泥浆中可以均匀分散。PVA 纤维不仅能提高混凝土早期阻裂性能，还能提高其抗冲击性能及弯曲韧性，改善混凝土的抗疲劳性能、耐磨性能、抗渗性、抗冻性和结构耐久性。

PP 纤维具有质轻、强度高、弹性好、耐磨、耐腐蚀，良好的电绝缘性和保暖性，几乎不吸湿，和混凝土中的骨料、外加剂、掺合料和水泥都不会有任何化学作用。PP 纤维可以有效控制混凝土收缩值，其掺量 ≤ 1.2 kg/m 时，纤维掺量越大，混凝土收缩率越小，对裂缝控制越有利。因为 PP 纤维能够细化裂缝，可以有效延缓混凝土早期塑性收缩裂缝的产生和发展，混凝土内部结构得到改善且内部原生微裂纹减少，很大程度增强了混凝土的韧性。

PAN 纤维俗称“腈纶”，具有力学性能好，化学性质稳定，尤其耐日晒性能突出，因此 PAN 纤维成为一种新型建筑工程用加筋纤维。在水泥混凝土中掺加 PAN 纤维后，抗压强度、劈裂强度、弯拉强度等都有提高，尤其使混凝土早期收缩裂缝减少 50%~90%，显著提高了其抗渗性和耐久性。

POM 纤维是一种综合性能优异的高性能合成纤维。具有高强、高模及优异的耐磨损性、耐碱性、耐划伤断裂特性和长期使用稳定性，与无机材料具有良好的相容性，且结合强度高，可广泛用于水泥基材料的增韧阻裂。POM 纤维增强混凝土均相性、力学性能良好，抗折强度、劈裂拉强度和韧性均提高，但抗压强度降低。

（2）建筑用织物材料

建筑增强用织物是一种连续的增强材料，也被认为是纤维的高级集合形式，其在混凝土中可以形成连续的增强体，可以有效降低混凝土破碎造成的损坏。不过建筑用织物材料的结构不像服装面料那样紧密，而是用粗纱通过纺织技术织造而成的网状产品或具有特殊结构的三维立体织物，织物网的间距一般大于基体混凝土的骨料粒径。建筑用织物又可以分为二维平面（2D）织物和三维立体（3D）织物。

2D 织物增强混凝土仅有 20 多年的研究历史，虽然起步较晚，但已经取得了很大的进步。在混凝土中用耐碱玻璃纤维、玄武岩纤维、碳纤维、芳纶等纤维织物铺层，可制成混凝土薄板，如图 4–64 所示。由于织物材料的耐碱性能较强，比钢筋的耐久性和耐腐蚀性能好，不需要考虑设置保护层的厚度等，大大减少结构的自重，可用于厚度仅为 10~20 mm 的轻质薄壁结构，用作免拆卸模板，还可应用到医院这些防磁化的建筑结构中。另外，TRCC 还可用于一些装饰构件如幕墙、外墙挂板等以及承重构件如楼板、人行天桥等。例如，亚琛工业大学纺织技术研究所研制的，全球首个用纺织材料增强的双曲率混凝土立面，厚度仅 3 cm，而重量不到传统混凝土材料的 1/3，如图 4–65 所示。

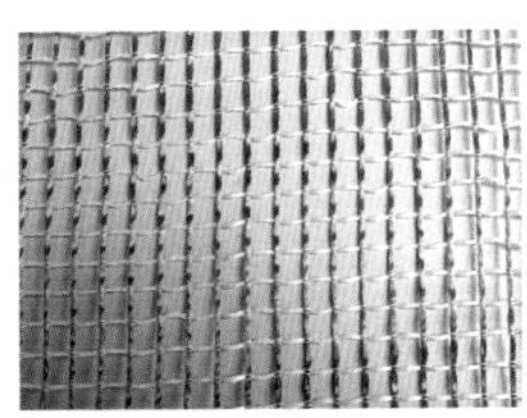

图 4–64　织物增强混凝土

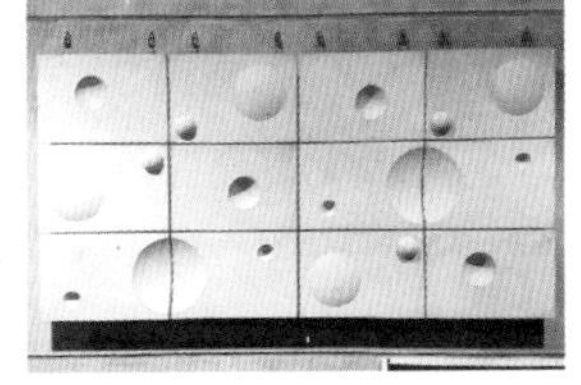

图 4–65　全球首个用纺织材料增强的双曲率混凝土立面

随着立体结构纺织技术的发展，3D 织物的研究应用也逐渐兴起，多用于医用材料或军工航天复合材料，在建筑领域的应用还很少，如图 4–66 所示。纤维在三维方向上互相交织，形成空心的管状结构，与基体材料复合后，这种整体结构可以有效改善平面织物容易出现的层间分离问题，提高复合材料的抗冲击性，提升复合材料的整体性能。因此，构建具有特殊结构的 3D 织物在建筑领域会有很大的发展前景，有望大大改善房屋

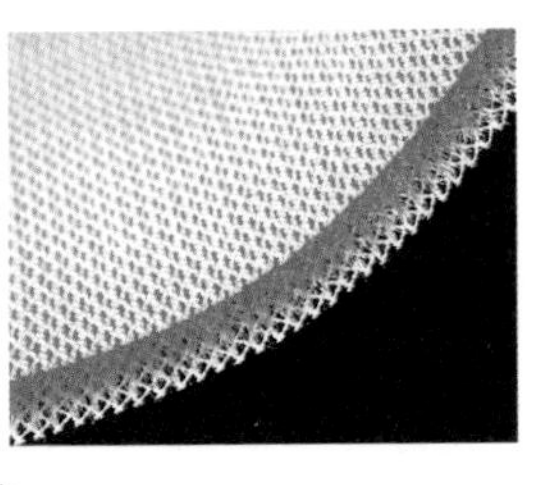

图 4–66　混凝土增强用 3D 织物

图 4-67　针织 3D 织物混凝土

的承力结构、军工建筑的防护材料抗裂和抗震性能。例如，苏黎世联邦理工学院制备了一种 3D 针织织物，并将其与混凝土复合，创造出一种特殊的双曲面混凝土结构，具有质轻高强的特性，并在墨西哥城的当代艺术博物馆进行了展出，如图 4-67 所示。

## 4.14　百变万能管——异形管状织物

针织技术能够通过织针的配合获得独特的成形结构，相较于其他编织方式，它对织物的形状具有很强的适应性，能够直接通过编织实现变化直径、形状迥异的管状结构。其优越的成形性与多变的组织结构，使得针织管状材料在医疗、建筑工程等领域有着广泛的应用，小到人造血管，大到输油、输气管线的制造等，都能由这一个个小线圈串套而得。针织管状材料的线圈结构，能够在受到负荷时产生较大的变形，还能通过结构变化制成复杂的形状构件。因此在 20 世纪 90 年代，针织管状材料逐渐开始作为增强材料与其他材料复合形成管状复合材料。管状结构线圈可在复合材料中形成孔或编成孔以代替钻孔，孔边有连续纤维，使强度和承载能力不会降低。

针织物的成形通常有经编、纬编和横编三种编织方式。除了纬编技术可以通过筒型编织直接形成管状织物外，经编双针床立体成形的方法、横编多向管成形方法等都可以通过针床与织针之间的相互配合，利用各种功能性纤维或高性能纤维高效地生产出符合需要的管状结构。

（1）经编管状成形

经编针织物具有不易脱散可以随意裁剪的优点，因此在宽门幅经编机器上工作时，可以同时形成数个三维管状结构（如图 4-68（a）所示），下机后将各个管之间的连接处直接裁剪后即可得到形状稳定、牢固的多根经编三维成形管状织物（如图 4-68（b）所示）。高机速、宽门幅、随心裁等特点，使经编成形技术具有远高于其他编织方式的生产效率。经编管状织物是利用双针床经编机编织而得的，前、后针床上编织常规的单面经编织物，形成两片织物，再用几把梳栉将双针床经编织物的边缘联结起来，就可以形成双针床管状织物。由经编成形技术生产的三维管状织物适应场景，还可以通过加入弹性纱线使织物获得优良的弹性，因此在医疗、服装、产业与装饰等领域都有广泛的应用，常被用作弹性绷带、人造血管、包装袋、连裤袜、手套、三角裤等。

（a）编织

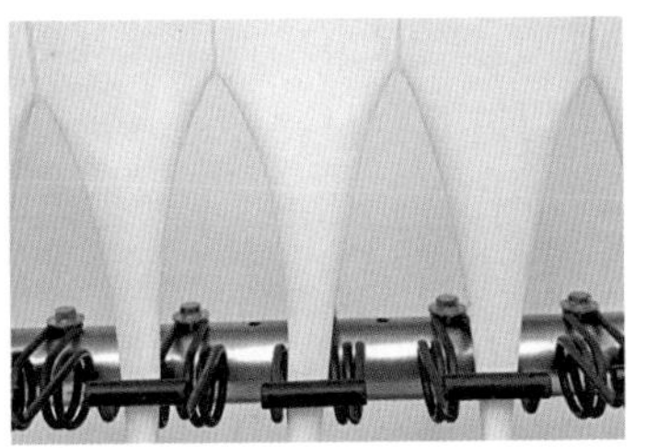
（b）成形

图 4-68　经编三维成形管状织物

（2）纬编管状成形

相比于其他编织方式，针织圆纬机具有独特的筒型机器结构，它可以通过编织直接形成管状结构。管状筒径与机器筒径直接相关，因此首先要选择与管状材料直径匹配的圆纬机进行编织。而一旦筒径固定后，则可以通过改变织物的组织结构，形成具有不同尺寸和结构效应的管状织物。如图 4-69 所示为在圆纬机上编织的管状结构。可以用于生产排水管、煤气管、地暖管等建筑物附属设备的管状预制件。采用纬编方法对高性能纤维进行织造，并结合纬编圆机可无缝成形的优势得到管状预制件，再进行复合得到的复合管材，除满足管材的基本要求外，还具有环保、耐腐蚀等优势，具有较好的发展前景。

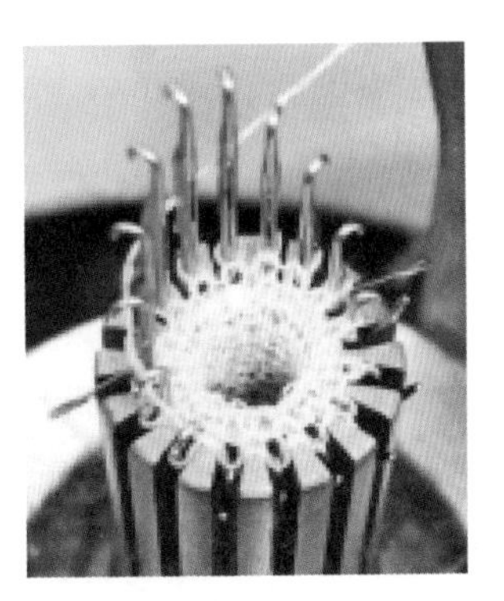
图 4-69　圆纬机编织三维成形管状织物

（3）横编管状成形

纬编圆机生产虽然生产效率较高，但机器筒径固定限制了管状织物变化结构，对于多通道管状织物还需要裁剪缝合，导致原料的浪费较多，而横编成形技术则可以从生产结构上弥补这一缺点。横编成形技术又称平行纬编成形技术，以此技术生产的织物无须裁剪耗损，生产工艺流程短、翻改品种快，适应高性能小批量织物的生产，能极大地满足管状结构变化的要求。横编全成形服装就是利用双针床或四针床电脑横机编织的特殊管状结构。在编织成形过程中，横编机器可以通过前后针床织针的配合与交替循环编织，直接形成多通道三维管状结构，同时还可以实现丰富的组织结构变化与花形设计，为管状结构增加设计感。

管状织物用于各种异形管道的增强材料，可以避免管道弯曲时周围骨架层受力不匀而影响使用质量，又可提高材料的抗爆破张力。与其他编织技术相比，针织技术在成形编织方面有更大优势，特别是纬编编织技术非常适合圆筒形结构以及其他各种形状复杂的整体成型纺织增强结构制造。通过复合材料多通管异形件的近似净形制造技术，将从根本上解决编织技术不能解决的不同直径管件连接问题。真正应用于实际工程，将直接提升整个复合材料异形连接件行业的一体化制造水平。

（1）多轴向异形管状结构

针织物的线圈结构较为柔软松散，使得复合材料面内刚度和强度较低。而预定向纱线衬入技术是除了成形编织技术外的另一种具有特色的针织制造技术，它在形成线圈结构的同时通过特殊纱嘴衬入不成圈的增强纱线以此提高针织结构的力学性能。由于这种结构中衬入的纱线不存在弯曲的现象，因此增强纱线的力学性能得到充分的应用，使得这种结构的平面力学大大超过相同结构参数的其他编织结构。采用特制的多轴向管状织机可以制备类似平面多轴向织物的管状结构。相同厚度情况下，针织管状多轴向复合材料力学性能最佳，其管状结构制备示意图如图 4–70 所示，图 4–71 所示为几种不同形状的多轴向三维管状经编织物。

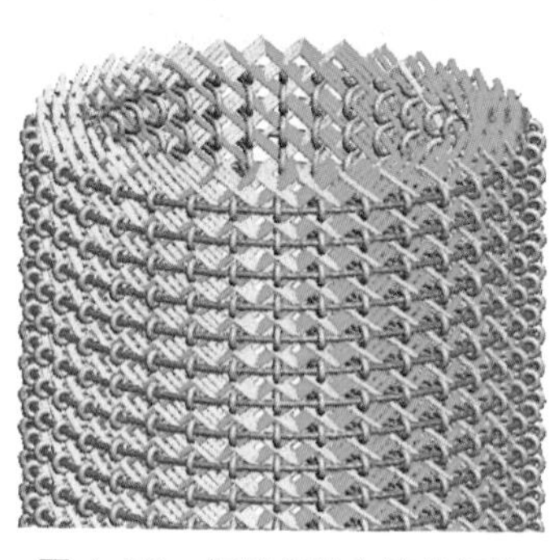

图 4–70　经编多轴向管状织物

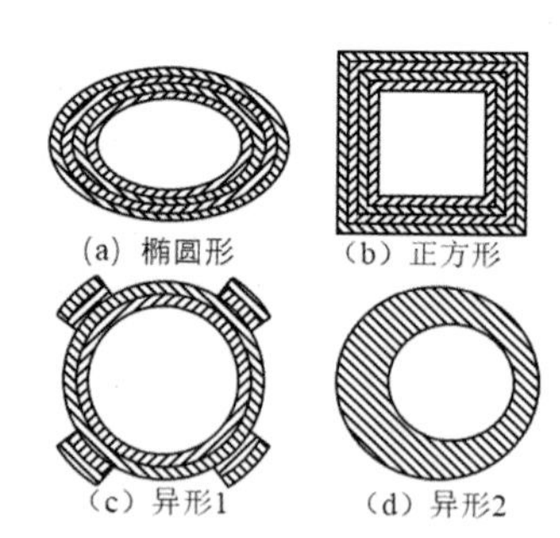


图 4–71　不同形状的多轴向三维管状经编织物

（2）变截面三维成形管状结构

针织技术通过控制参与编织的针数或结构参数的变化，就能轻松实现变截面三维管状织物，使管状织物的设计形状具有更多可能性。当进行管状织物的编织时，控制收放针方向及收针数量，可以实现变换截面的圆筒管（如图 4–72 所示）。而参加编织针数一定时，也可以通过调整编织密度参数达到这种效果，随着编织密度的增加，管状织物的直径逐渐变小，形成变化直径管状织物。

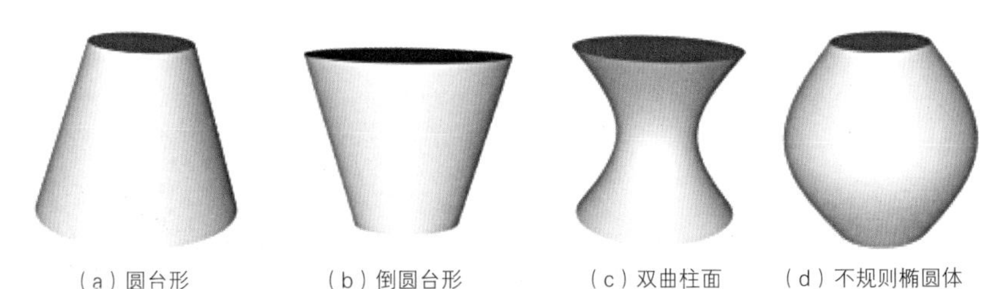

（a）圆台形　（b）倒圆台形　（c）双曲柱面　（d）不规则椭圆体

图 4-72　变截面三维成形管状织物

（3）字母形三维成形管状结构

在双针床横机上编织管状织物时，配以编织密度或编织针数的变化可以形成 L、U 等形状的单通管织物（如图 4-73（a）和图 4-73（b）所示），也可以形成 X、Y 等形状的多通管织物（如图 4-73（c）和图 4-73（d）所示）。利用多针床横编机器能很好地控制管径与管之间的角度，可以作为基体增强复合材料的比强度与比模量。在进行单通道三维管状织物编织过程中，在一个针床上编织的某部段增加编织密度（或减少编织针数），则管状可以形成一定弧度的转角，从而形成弯曲形管道。

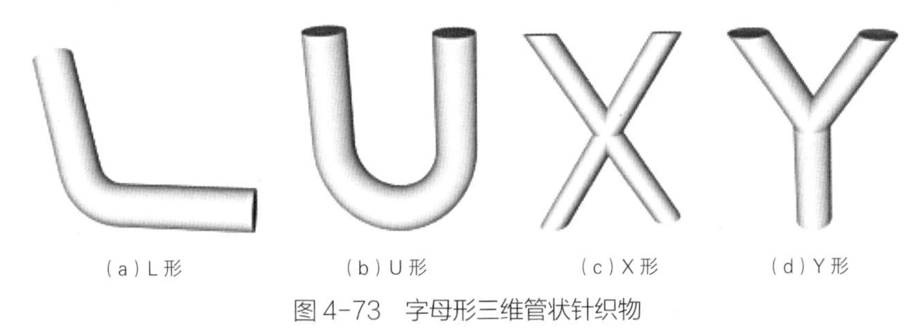

（a）L 形　（b）U 形　（c）X 形　（d）Y 形

图 4-73　字母形三维管状针织物

X、Y 形多通管通常用到的编织方法是局部编织与加减针编织。如 Y 形多通管首先编织一段长度的管状织物后，将参与编织的织针分为两部分，一部分织针继续进行圆筒状编织，其余织针先握持线圈处于静止状态，形成两个支管中的一个，同时还可以通过单边的加减针控制管径大小；一个管径编织完成后，再由其余部分织针进行圆筒型编织，以形成另一支管，从而编织完成 Y 形三通管道织物。

针织管状物大有可为，可在医疗、产业、航天、服饰等领域广泛应用。

（1）医疗用

针织管状材料在医疗健康领域已有很多成功应用，如图 4-74 所示为一些针织管状医疗器械。服装用医疗管状织物通常包括医疗裤、医疗袜、医疗手套与护膝等，通过弹力纱线与组织结构变化以提供适度的加压性能，有助于治疗关节炎以及淋巴水肿等，同时还能直接编织形成特殊立体形状，完全无须裁剪，实现对材料的最大化利用。

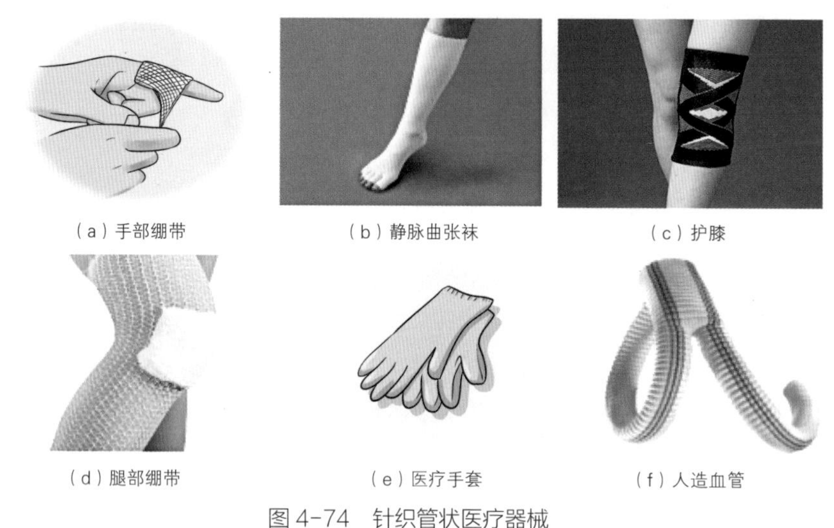

（a）手部绷带　（b）静脉曲张袜　（c）护膝

（d）腿部绷带　（e）医疗手套　（f）人造血管

图 4-74　针织管状医疗器械

除了常见的服装用医疗管状器械，还有一个典型的医疗管状器械则是人造血管支架。（参见本章 4.9）

（2）产业用

在产业用输油、输气管线的生产中，利用针织连续织造的可生产无缝的、具备较大长度的管状增强结构。具有节省增强织物的线材消耗、生产效率高、与基体的黏合力强等优点。管状织物用于各种异形管道的增强材料，既可以避免管道弯曲时周围骨架层受力不匀而影响使用质量，又可提高材料的抗爆破张力。如图 4–75 所示是日本岛精公司利用不锈钢 304 形成的产业用针织管状结构。针织结构与基体复合后，既保证了管线的结构稳定性，又具备一定的弹性，确保管线的长期安全使用。而汽车生产中，也利用了针织管状成形技术，如岛精公司采用特种耐高温纤维编织而成管状材料，将其罩在排气管上形成汽车用成形耐热排气管罩（如图 4–76 所示），能够有效减小汽车部件的磨损，提高耐用性。

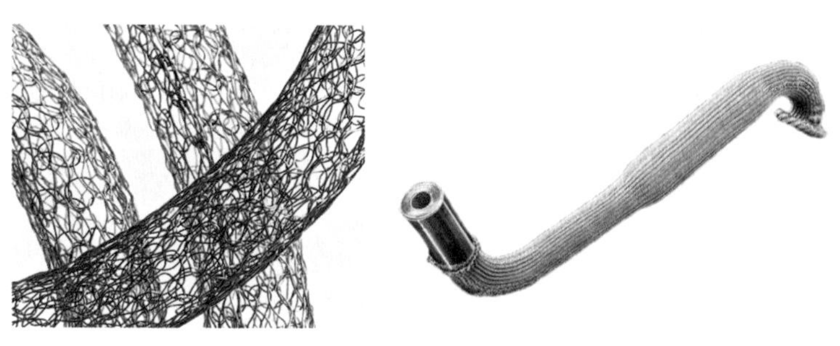

图 4-75　不锈钢 304 针织管状结构　图 4-76　汽车用成形耐热排气管罩

（3）航天用

在航空航天领域中，复合材料多通管作为重要的工程结构连接件，具有广泛应用潜力，尤其对连接件强度和质量要求严格的场合，如卫星内部桁架结构的连接。以高性能碳纤维复合材料为典型代表的先进复合材料作为结构、功能或结构 / 功能一体化构件材料，在导弹、运载火箭和卫星飞行器上也发挥着不可替代的作用。

纤维增强复合材料间的连接是工程结构最薄弱的环节，采用近似净形成形技术得到复合材料连接件，可以从根本上消除由于复合材料拼接而导致的缺陷，显著提高复合材料结构强度和承载能力。高性能纤维管状复合材料主要应用在火箭或者导弹的燃料输送管上，既结合了纤维材料的高性能特点，同时还能够起到明显的减重作用，大大提高了复合材料的抗疲劳、耐腐蚀等性能。目前在复合管状材料中应用最广泛的高性能材料有碳纤维、芳纶纤维、PBO 纤维、玻璃纤维以及超高分子量聚乙烯纤维等，这些特种材料制备的复合材料管状织物，即使在极端太空环境下也能有出色的表现。如图 4-77 所示。

（a）PBO 纤维 + 玻璃纤维　　（b）碳纤维织物

图 4-77　高性能纤维制备针织物

（4）服饰用

由于人体体型的几何结构，使得圆柱状结构和截头圆锥体结构广泛用于针织服饰。具体到人体某个部位，例如躯干和胳膊为圆柱状结构，所以服装就要在这两个部位用到管状结构，其编织过程如图 4-78 所示。

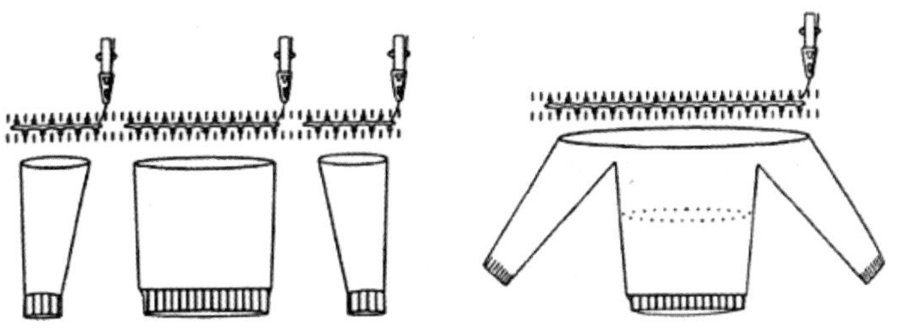
图 4-78　横编管状结构的编织

由单针筒或双针筒圆纬机生产的管状结构，其筒径与圆纬机的直径有直接关系，为了避免侧面的缝线，对机器筒径和服装尺寸有一定限制。经编全成形针织产品能达到颈、腰、臀等部位无须接缝，集舒适、体贴、时尚、变化于一身，常用于无缝运动服装的成形（如图 4-79（a）所示）。而利用横编全成形编织得的服装，可分为多个管状部位进行编织，同时还能形成组织结构与提花效果的变化，最终得到全成形服装，如图 4-79（b）所示为具有荷叶边效果的全成形针织毛衫。对于特殊用途的服饰，可以直接利用高性能纤维进行成形编织，如图 4-79（c）所示样品由 091Ltd.（Made in V.K.）在横编机器上利用高性能纤维织造的全成型耐燃头套面罩。与具备蓄电功能的纱线相结合，还可以生产具传感器及数据通信但不需电池的新型智能手套，如图 4-79（d）所示为岛精公司生产的蓄电发光手套。

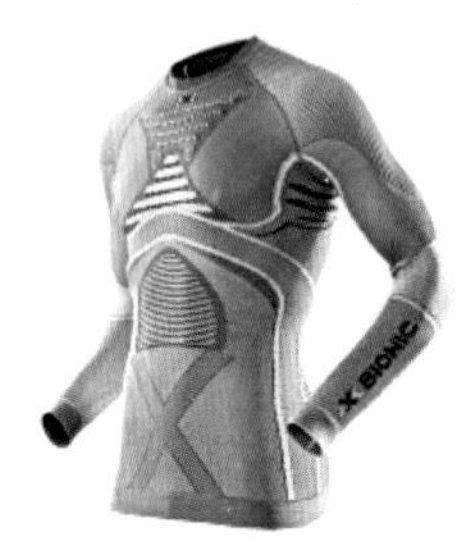

（a）无缝运动服装

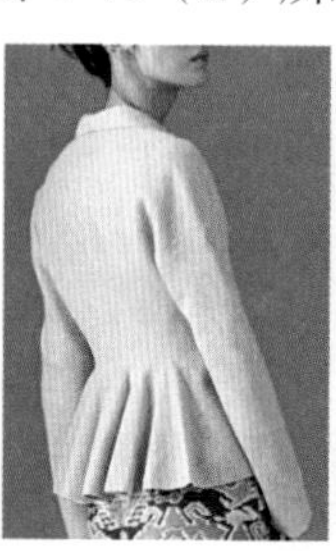
（b）全成形毛衫

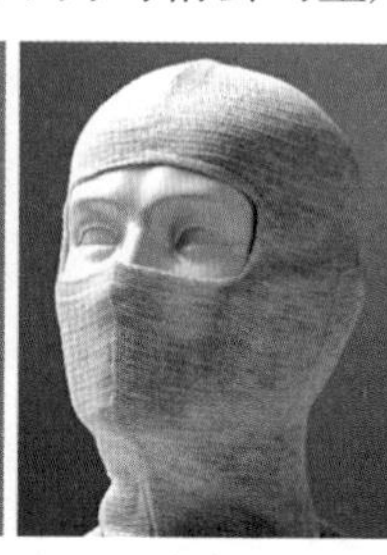
（c）耐高温面罩

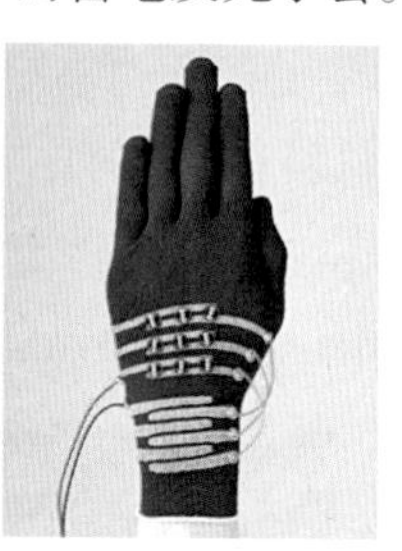
（d）蓄电发光手套

图 4-79　服装用管状针织产品

## 4.15　风力发电的左膀右臂——叶片复合材料

风电作为一种绿色能源，是全球绿色低碳转型的重要方向之一。经过 30 多年发展，已成为推动全球能源转型的重要力量。作为一种可再生的清洁能源，近年来国内风电产业快速发展，特别是 2020 年以来，在新冠肺炎疫情席卷全球的背景下，我国风电开发依然保持着“稳步扩大”的态势，装机规模不断增长，如图 4-80 所示。目前风电已成为国内仅次

（a）陆地风力发电机组

（b）海上风力发电机组

图 4-80　风力发电机

于火电和水电的第三大电力来源。在国家的大力支持下，风力发电的技术不断发展，价格不断降低。据权威机构预测，到 2024 年，风力发电的成本有望下降 15%，风力发电将逐步由补充型能源向替代型能源过渡。

风力发电是利用风力带动风车叶片旋转，再通过增速机将旋转的速度提升来促使发电机发电。如图 4-81 所示，风力发电机组的零部件主要包括叶片、齿轮箱、发电机、塔架、主轴和制动系统等。其中叶片是风力发电机组有效捕获风能的关键部件，占整个机组成本约 23%。叶片的材料越轻、强度和刚度越高，抵御载荷的能力就越强，就可以做得越大，捕风能力也就越强。因此，质量轻、强度高、耐久性好的玻璃纤维复合材料成为大型风力发电机叶片的首选材料。

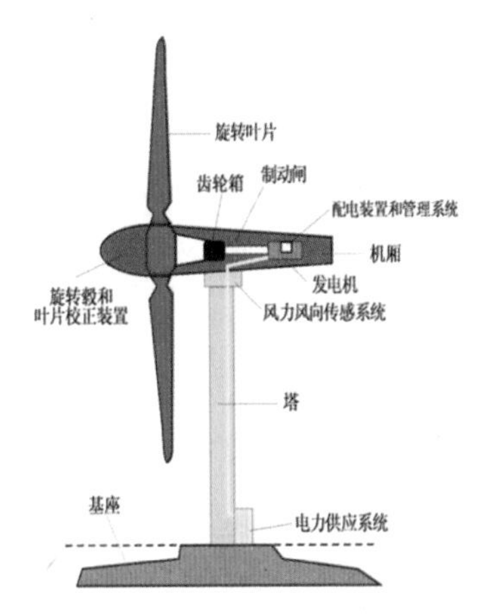

图 4-81　风力发电机结构图

初期的风力发电机大多采用木制叶片。制作叶片的木材一般是优质木材，如桦木、核桃木等，取材较难，造价高，维修不便。随着叶片的大型化，叶片材料也由最初的木制品逐步过渡到玻璃纤维增强复合材料（又称玻璃钢）。

近年来，风电叶片实现快速发展，叶片长度从 2015 年的 40~50 m 增长至如今的 80~90 m，甚至 100 m 以上。在叶片制造技术不断地升级过程中，复合材料成了核心，起到了至关重要的作用，决定着叶片的成本、性能、价格。

当前，风电叶片复合材料一般是由聚酯树脂、乙烯基树脂和环氧树脂等热固性基体树脂与 E- 玻璃纤维、S- 玻璃纤维、碳纤维等增强材料复合而成。由于玻璃纤维的价格仅为碳纤维的 1/10 左右，所以目前大、中型风电叶片复合材料采用的增强材料主要还是玻璃纤维（E- 玻璃纤维和 S- 玻璃纤维）。

玻璃纤维（Glass Fiber）是一种性能优异的无机非金属新材料，由美国人在 1938 年发明。它最早于第二次世界大战期间运用在军事上，坦克部件、飞机机舱、武器外壳，甚至防弹衣都有使用。后来，玻璃纤维被运用到民用领域，尤其在建筑和复合材料两大领域广泛运用。其强度高且具有很好的柔软性、绝缘性和保温性，通常作为复合材料中的增强材料，配合树脂赋予形状后可以成为优良的结构件。

目前，制造风力发电机叶片所用材质已由木质、帆布等发展为玻璃纤维增强复合材料（玻璃钢），主要为玻璃纤维增强聚酯树脂和玻璃纤维增强环氧树脂。玻璃钢新型复合材料的叶片重量轻，比强度高。玻璃钢的比重为 1.5~2.0，只有钢材的 1/4~1/5。比强度（强度与密度的比值）很高，比合金钢高 1.7 倍，比铝高 1.5 倍，比钛钢高 1 倍，比航空用松木高 1.3 倍。玻璃钢叶片抗疲劳强度高，寿命也较长，在风力发电中的应用效果显著。叶片材质采用玻璃纤维增强复合材料，其互换性与通用性好，强度高，只需每年维修 1 次，轴承每 10 年更换 1 次。

玻璃纤维增强复合材料具有以下优点：抗拉强度高；弹性模量高，刚性好，复合制件尺寸稳定性好；吸水性小，耐化学腐蚀；耐热性好，不易燃烧；加工性好，可制成股、束、毡、织布；价格便宜，可回收再利用。

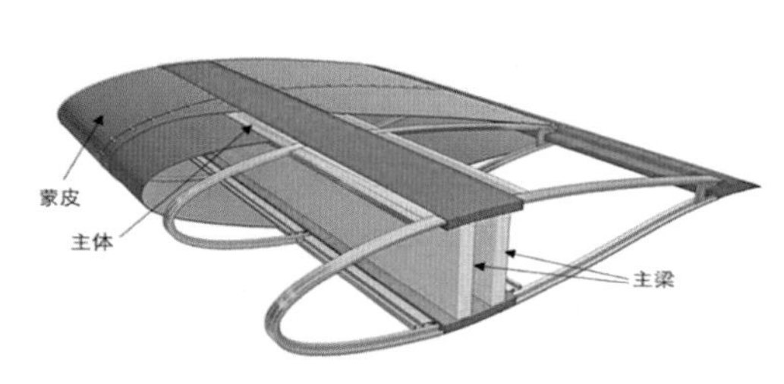

图 4-82　叶片结构

玻璃纤维多轴向经编增强复合材料叶片由蒙皮和主梁组成，如图 4-82 所示。蒙皮一般采用夹芯结构，中间层为硬质泡沫塑料或轻木，上下层为增强复合材料；梁结构形式既可以是夹层结构，也可以是实心的增强复合材料结构。但是在蒙皮和主梁的结合部位（梁帽处）必须是实心增强复合材料结构，多采用由玻璃纤维织造的多轴向经编增强复合材料，这是因为此部分梁和蒙皮相互作用，应力较大，必须保证蒙皮的强度和刚度。

从承载状态上来考虑，采用经编轴向织物作为增强复合材料的基布比经纬交织的机织物具有更明显的优势，如图 4-83 所示 。

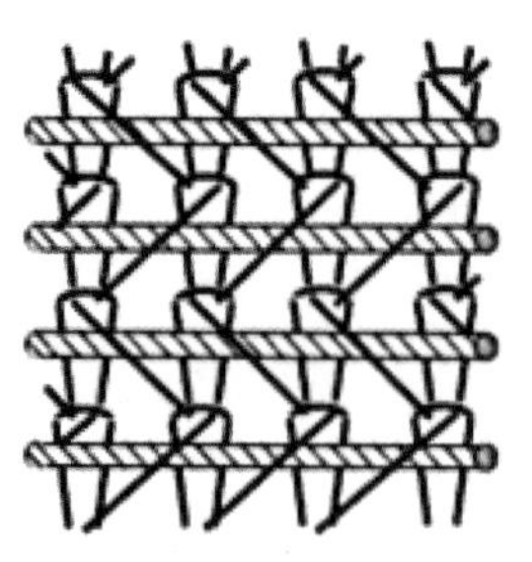
（a）单轴向经编织物结构

（b）双轴向经编织物结构

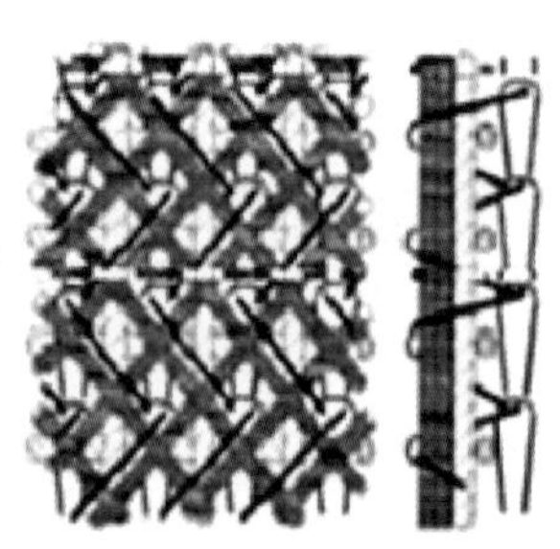
（c）多轴向经编织物结构

图 4-83　经编织物结构图

这类轴向织物由于承受载荷的纱线系统按要求排列并绑缚在一起，因此能够处于最佳的承载状态。另一方面，轴向技术使得织物的纱线层能按照特定的方向伸直取向，故每根纤维力学理论值的利用率几乎能达到 100%。此外，轴向织物的纱线层层铺叠，按照不同的强度和刚度要求，可以在织物的同一层或不同层采用不同种类的纤维材料，如玻璃纤维、碳纤维或碳 / 玻混杂纤维，再按照编织点由编织纱线将其绑缚在一起。

其加工方法有湿法成型、干法成型、真空灌注成型等。

（1）湿法成型（手糊成型）

手糊成型是一种传统的复合材料成型方法，主要工作是用手工完成的，不需要专门的设备，所用的工具也非常简单，但要求有一个成型的模具。具体工艺过程：先在模具上涂刷含有固化剂的树脂混合物，再在其上铺贴一层剪裁好的纤维织物，用刷子，压辊或刮刀压挤织物，使其均匀浸渍并排除气泡后，再涂刷树脂混合物和铺贴第二层纤维织物，反复上述过程直至达到所需厚度为止。然后，通过抽真空或施加一定压力使制件固化(冷压成型)，有的树脂需要加热才能固化（热压成型），如图 4–84 所示。

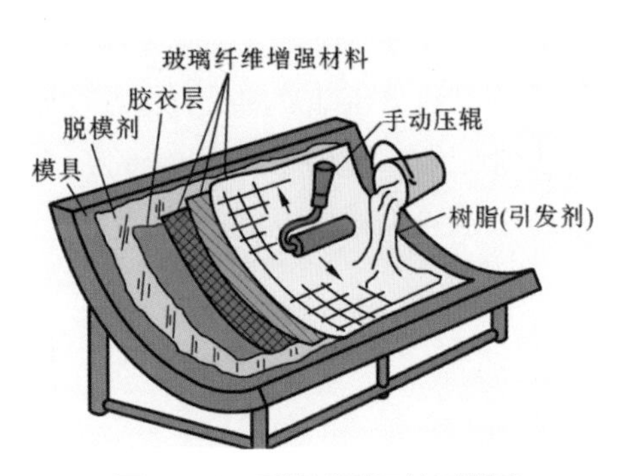


图 4-84　手糊成型工艺示意图

（2）干法成型（预浸料成型）

预浸料成型属于新技术，如图 4–85 所示，纤维先制成预浸料，现场铺放，加温（或常温）加压固化，其生产效率高，现场工作环境好。

（a）预浸料

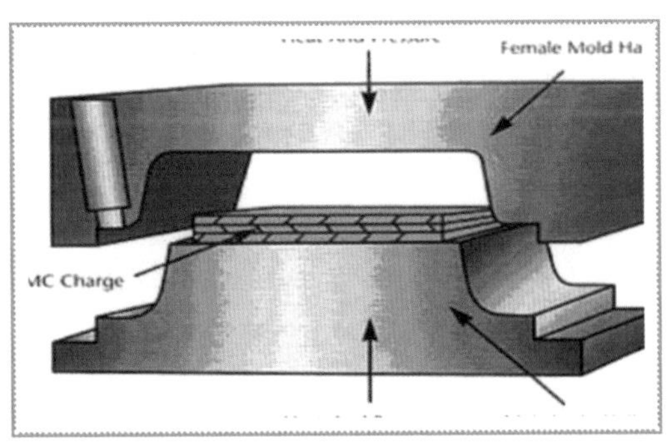

（b）高温压膜成型

图 4-85　干法成型工艺

（3）真空灌注成型

真空灌注成型工艺是最新发展的叶片成型方法。如图 4-86 所示，它将纤维预成型体置于模腔中，然后注入树脂，加温加压成型。它是目前世界上公认的低成本制造方法，发展迅速，应用广泛。

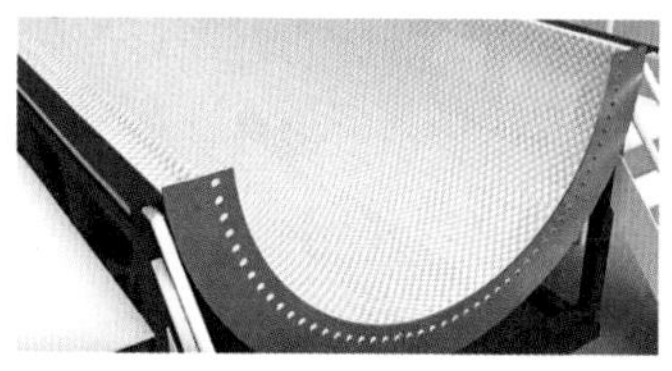
（a）玻纤布铺层

（b）树脂灌注

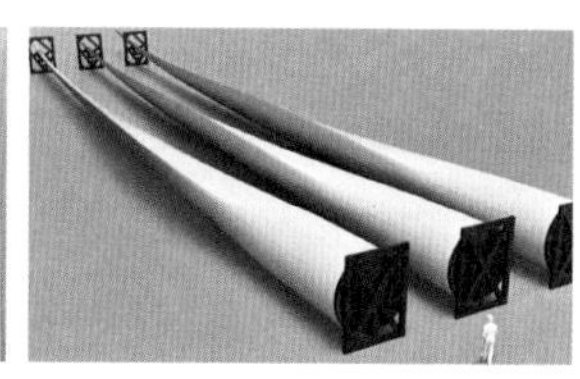
（c）叶片模型

图 4-86　真空灌注成型工艺

现代风机的叶片大都采用多轴向经编增强复合材料，叶片是一个大型的复合材料结构，与金属叶片相比，该复合材料叶片具有下列优点：① 可根据风力机叶片的受力特点设计强度与刚度；② 翼型容易成形，并可达到最大气动功率；③ 抗震性好，自振频率可自行设计；④ 耐疲劳性好。